# 数智化首饰设计与技术

SHUZHIHUA SHOUSHI SHEJI YU JISHU

张荣红　张　雪　汪晓玥　编著

图书在版编目(CIP)数据

数智化首饰设计与技术/张荣红,张雪,汪晓玥编著. --武汉:中国地质大学出版社,2024.8.--(中国地质大学(武汉)珠宝学院GIC系列丛书). -- ISBN 978-7-5625-5970-2

Ⅰ.TS934.3-39

中国国家版本馆CIP数据核字第20248CJ101号

| | | | | |
|---|---|---|---|---|
| 数智化首饰设计与技术 | | 张荣红　张　雪　汪晓玥　编著 | | |

| 责任编辑:何　煦 | 选题策划:张　琰　张旻玥　何　煦 | 责任校对:徐蕾蕾 |
|---|---|---|

| 出版发行:中国地质大学出版社(武汉市洪山区鲁磨路388号) | 邮政编码:430074 |
|---|---|
| 电　　话:(027)67883511　　传　　真:(027)67883580 | E-mail:cbb@cug.edu.cn |
| 经　　销:全国新华书店 | http://cugp.cug.edu.cn |

| 开本:787mm×1092mm 1/16 | 字数:244千字 | 印张:9.5 |
|---|---|---|
| 版次:2024年8月第1版 | 印次:2024年8月第1次印刷 | |
| 印刷:湖北金港彩印有限公司 | | |
| ISBN 978-7-5625-5970-2 | | 定价:68.00元 |

如有印装质量问题请与印刷厂联系调换

# 前言

近年来,中国珠宝首饰行业在经历了快速发展之后进入转型期。20世纪90年代开始,中国经济的快速增长和中产阶级的崛起为珠宝行业的发展提供了强大的支持。随着国家设计强国目标的建立,以及科学技术的快速发展,传统的首饰设计和加工方式正在发生变革;而在"百年未有之大变局"的时代背景下,消费者的审美、心理需求、消费场景和方式也在发生变化。因此政府和行业都在积极探讨珠宝行业如何与时俱进,更好地服务人民日益增长的美好生活需要,如加强品牌建设尤其要严格品控、应用先进技术、改进产品设计、构建多种消费模式等。中国珠宝首饰消费群体多样化的需求也在不断显现,从传统的婚庆和纪念性珠宝消费市场拓展到追求时尚的多场景、多需求的年轻化消费市场。

中国珠宝首饰行业除了服务国内市场,它在国际市场中的份额也在不断提高,尤其是在"一带一路"倡议的推动下,中国的珠宝首饰品牌开始进入更多的国外市场,借助珠宝这一人类共同喜爱的物质载体实施文化贸易战略。在全球范围内,珠宝首饰行业一直都是高成长性的行业。然而,近年来该行业也面临着许多新的挑战和机遇。

在国外,珠宝首饰市场一直是一个巨大的消费市场。一方面,欧洲一些传统的珠宝首饰品牌在面对新兴市场上的竞争时,也开始加快转型,打造更多与时俱进的产品和销售模式。可持续性发展的重要性逐渐被人们认识到,越来越多的珠宝首饰品牌开始关注其生产过程对环境和社会的影响,并采取相应的措施来保证珠宝首饰的设计生产与生态环境之间的和谐发展。另一方面,越来越多的年轻消费者转向购买具有情感意义的、多样性材料和工艺的时尚首饰,珠宝首饰行业也开始面临着转型的挑战。一些新兴的珠宝首饰品牌通过创新的设计、生产和销售模式,比较成功地顺应了时代潮流,满足了大众的需求。

总的来说,全球珠宝首饰行业呈现出多样化和动态化的发展趋势,消费者对于品质、设计、情感和可持续性等都有了更执着的追求,而科学技术的快速发展迭代,尤其是数字化设计和智能制造,为珠宝首饰产业的转型发展提供了强大的支撑。

数字化设计是利用计算机辅助设计软件进行产品的设计,可以实现设计方案的快速生成、修改和优化。这些软件具有强大的造型能力和精确的建模能力,可以实现产品的数字化表达。智能制造是指基于信息技术、自动化技术、物联网技术和AI(人工智能)技术等先进技术的制造模式，其目标是实现生产线的智能化、自动化和高效化，以提高生产效率、产品质量和企业竞争力。

全球智能制造市场的规模不断扩大。据统计，全球智能制造市场规模在2019年达到了3080亿美元，预计2025年将达到5000亿美元以上。各国纷纷推动智能制造的发展。我国提出了"中国制造2025"，强调要推进制造业的信息化、智能化和绿色化，建设智能制造体系。美国也推出了智能制造战略，并投入了数十亿美元用于研发和应用智能制造技术。

智能制造技术不断创新和进步。随着AI、大数据、云计算、物联网等技术的不断发展，智能制造的技术水平也在不断提高。比如，3D打印技术、人机协作技术、自适应控制技术等，都将为智能制造提供更多的可能性。

智能制造产业生态日趋完善。越来越多的企业和机构涉足智能制造领域，形成了从技术研发、设备制造、提供解决方案到服务支持的完整产业链。

人工智能技术的迅猛发展则为数字化设计向数智化设计转型提供了坚实的基础。作为数字化设计更高层次诉求的数智化设计和智能制造将是未来珠宝首饰产业的重要形式，为产品的设计制造带来创新和变革，也是当下作为一名设计者应该了解并掌握的。设计的创新是为了不断解决存在的问题，创新需要多领域知识的交叉融合，更需要与时俱进，与时代同行。这是本书的编写目的。

本书的编写主要由本教学团队的张荣红、张雪、汪晓玥完成；多位研究生也参与了本书的编写出版工作：王欣怡承担了部分设计建模工作，骆楚依和王子纯承担了图片整理及排版工作，部分照片由吴润泽拍摄完成，周洋承担了封面设计工作，马恺璐担任了实物展示模特；独立珠宝设计师马洲明提供了部分案例，广州玩客态度珠宝首饰设计有限公司承担了部分案例的制作和展示工作。第七章的两个设计案例选自中国地质大学(武汉)珠宝学院本科生周相成和雷金嘉"商业首饰设计"课程的作业。中国地质大学(武汉)本科生院、中国地质大学(武汉)珠宝学院及中国地质大学出版社在本书的出版过程中给予了大力支持，在此一并表示衷心的感谢。

张荣红<br>2024年5月

# 目　录

**第一章　概　述** ················································································ (1)

　　第一节　珠宝首饰行业的发展状况 ····················································· (1)

　　第二节　数智化首饰设计的意义 ························································ (2)

　　第三节　数智化首饰设计人才的市场需求 ··········································· (4)

**第二章　数智时代珠宝设计的方法** ······················································ (6)

　　第一节　数智化珠宝首饰的生产流程 ·················································· (6)

　　第二节　数智化首饰设计的思路及方法 ············································· (11)

　　第三节　数智化首饰设计软件分类 ··················································· (12)

**第三章　人工智能辅助设计** ······························································ (15)

　　第一节　ChatGPT ········································································ (15)

　　第二节　Midjourney ····································································· (20)

　　第三节　Stable Diffusion ······························································· (34)

　　第四节　Luma AI Genie ································································ (37)

**第四章　平面设计软件** ···································································· (43)

　　第一节　Adobe Photoshop ····························································· (43)

　　第二节　Procreate ········································································ (45)

## 第五章　3D 设计软件 ……………………………………………………（53）

### 第一节　JewelCAD ………………………………………………（53）
### 第二节　Rhino ……………………………………………………（59）
### 第三节　ZBrush …………………………………………………（76）
### 第四节　Nomad Sculpt …………………………………………（82）
### 第五节　KeyShot …………………………………………………（88）

## 第六章　珠宝智能制造相关技术 ……………………………………（95）

### 第一节　3D 打印技术 ……………………………………………（95）
### 第二节　3D 扫描技术 ……………………………………………（111）
### 第三节　计算机数控技术 …………………………………………（115）
### 第四节　数字化展示及体验技术 …………………………………（125）

## 第七章　建模案例及实物照片展示 …………………………………（129）

# 第一章

## 概 述

### 第一节　珠宝首饰行业的发展状况

珠宝首饰行业在过去数十年里经历了许多技术变革,从传统手工制作逐渐过渡到工业化批量生产。如今数字化设计与智能制造的介入,使得珠宝首饰行业在设计、制造和服务消费者等方面产生新的变革(图1-1、图1-2)。

图1-1　Midjourney生成的珠宝设计作品

图 1-2　Midjourney 生成的珠宝制作图

设计数据化：在加工批量化及系统化的生产背景下，传统的手工雕蜡被数字化设计建模与3D打印技术取代。电脑辅助设计和3D打印技术使珠宝设计师能够更容易地创建复杂的设计，并且可以在短时间内制作原型。这使得创新更加容易，加速了新产品的开发，缩短了流程和生产周期。

生产自动化：自动化和机械化在珠宝制造中变得越来越普遍。大功率激光设备用于精确的切割、雕刻和其他加工工艺，提高了生产效率并降低了错误率。自动铸蜡机器提高了注蜡的速度，3秒完成一个蜡件使传统注蜡工序的生产效率提高了10倍。自动蜡镶机配合机械手的抓取，使大批量的简单产品的蜡镶环节可以全自动化，完全代替了人工。

损耗可视化：可持续性和环保问题在珠宝行业变得越来越重要。越来越多的制造商开始关注材料使用、损耗、回收过程中的环保问题。更先进的工业制造技术能在各个生产环节完成材料的回收和集中处理，实现真正看得见的节约。

销售网络化：互联网和电商平台的兴起，加上后疫情时代的到来，改变了珠宝市场的销售方式。高档华丽的实体店的客人已经越来越少，越来越多的消费者选择线上购买珠宝，这促使珠宝零售商增加了在线营销的投入。在工业生产中，更多的数据和资料导流到前端客户手中，使得产品的加工制造变得不再神秘。

首饰智能化：珠宝首饰与智能芯片结合，真正实现智能可穿戴。一些珠宝首饰公司推出了具有追踪、安全和交互功能的智能首饰，以满足不同消费者及使用场景的需求。首饰与医疗保健相结合则使得时尚与大健康共生共存，很好地满足了现代人对高质量生活的追求。

因此，时代发展为珠宝首饰行业带来了新的挑战，也带来了新的发展机会。珠宝首饰产品的设计与制造正在不断融合数字化、自动化和智能化技术，以适应现代市场和满足消费者的需求。这些趋势将继续影响行业的未来发展，也为创新提供了新的途径。

## 第二节　数智化首饰设计的意义

珠宝首饰设计的数智化意义显著：不仅提供更高效、更精确的设计过程，同时为设计师和消费者带来更多的创作和选择空间。通过使用人工智能辅助设计软件、计算机辅助设计建模和3D打印技术，设计师可以快速地将创意转化为实际的首饰样品，节省了传统手工制作的时间和成本。

数智化设计还可以实现更精确的细节和更复杂的结构,使首饰的设计更加精美和独特(图1-3)。此外,数智化设计还为消费者提供了更多的选择,可以根据个人喜好定制首饰,能满足不同人群的需求。

图1-3 参数化设计示例
(扎哈·哈迪德建筑事务所设计)

因此,数智化首饰设计可以提供更好的用户体验,更好地满足用户需求和实现商业目标。数智化首饰设计涉及将传统产品或服务转化为数字形式,并可借助人工智能技术,在数字平台上提供展示及消费选择,其意义体现在以下几个方面。

(1)提供更好的用户体验:数智化产品设计可以通过直观的界面、简化的操作流程和个性化的功能来提升用户体验感,提高用户的满意度和忠诚度,促进产品的广泛使用和推广。

(2)拓展市场和增加收入:数智化产品设计可以帮助企业拓展市场,吸引更多的用户。通过数智化产品,企业可以提供更多的功能和服务,从而增加收入来源。

(3)提高效率和降低成本:数智化产品设计可以实现自动化生产,简化了传统工艺的许多业务流程,减少人力和资源的浪费,提高工作效率。这可以帮助企业降低成本,提高竞争力。

(4)数据驱动决策:数智化产品设计可以收集和分析大量的用户数据,帮助企业了解用户行为和偏好。这些数据可以用于优化产品设计、改进营销策略和做出更明智的商业决策。

(5)创新竞争优势:数智化产品设计可以高效缩短创新周期,帮助企业在竞争激烈的市场中保持竞争优势。通过数字化产品,企业可以提供独特的功能和体验以吸引用户,并与竞争对手区分开来。

通过数智化首饰设计,企业可以实现商业目标并适应不断变化的市场。数智化首饰设计也成为连接科技、艺术、文化、工艺和珠宝首饰传承与创新的重要桥梁。

## 第三节　数智化首饰设计人才的市场需求

数智化首饰设计人才的市场需求近年来呈现稳步增长的趋势。随着3D打印技术的发展和消费者对定制化产品需求的增加,越来越多的珠宝公司开始采用数智化设计和生产流程(图1-4)。因此,熟练掌握相关的珠宝首饰设计软件(Rhino、ZBrush、JewelCAD等)和人工智能辅助设计软件的设计师的需求量也在增加。作为一名数智化设计师,需要在不同的设计阶段应用不同软件完成设计方案。

图1-4　LED光固化打印的珠宝实物图

(1)创意设计阶段:创意设计是数智化首饰设计者最先需要完成的设计任务。设计师需要使用绘画软件(Photoshop、Procreate等)来表达设计创意,创建珠宝的最初表现细节,明确材质、工艺、尺寸等,完善设计内容。这需要深厚的艺术设计功底和熟练的软件操作技能。当然,随着AI工具,如ChatGPT、Midjourney、Stable Diffusion等在2023年的爆发,很多不需要深厚美术基础的非专业设计师也可以通过语言生成很逼真的产品效果图,为设计的多样化和个性化提供了源源不断的素材和灵感。

(2)3D建模阶段:是数智化设计最关键的技术阶段,需要精准考量诸多因素。设计师需要确保他们的设计不仅美观,而且可以实际制造,所以需要根据设计尺寸、比例、镶嵌方式、材料工艺和目标价格等进行精准建模。为此,设计师需要了解各种打印材料的强度、柔韧性、重量、支撑方式和后处理方式等,根据材料工艺的要求选择合适的打印方式,并据此确定所建模型的精度以及进行模型优化。为使所建模型可以顺利、完美地呈现最终实物,对于需要后期铸造的打印模型,设计者还要了解铸造、镶嵌、表面处理等各种相关的后期生产工艺。

（3）3D打印阶段：虽然这个阶段主要由3D打印机完成，但设计师仍然需要掌握3D打印的原理、材料、精度和优缺点，以选择合适的技术来制作珠宝3D模型。此外，根据不同打印方式的特点及支撑方式，设计师可能还需要对模型进行优化处理，如设计合适的支撑结构等。

（4）翻模和铸造阶段：如果需要批量化生产，则3D打印的原版需要经过传统的翻模铸造。虽然这一项工作由加工厂相关专业工人完成，但设计师仍需要理解这些工艺的原理和限制，以便完成可以成功铸造的设计作品。例如，设计师需要考虑铸造金属的收缩率、关联性、流动性等因素，通过合理放大模型比例、设计合适的铸造水口等提高成品的成功率。

（5）镶嵌阶段：针对包含镶嵌结构的设计，设计师需要考虑如何将宝石安全牢固且美观地镶嵌到首饰中，需要根据宝石的尺寸、形状、颜色等因素构建合适的镶嵌方式模型（如爪镶、包镶等），方便后期的宝石镶嵌。

总的来说，数智化首饰设计的各个环节中都需要设计师掌握相关的软件和技术，尤其在创意设计和3D建模及3D打印阶段。相较拥有单一技能的设计师，能够掌握多领域知识以及多门技术，能敏锐捕捉大众需求，辅以现代先进数智化设计技术，独立完成从设计到产品的数智化首饰设计人才在当前市场有着更广阔的发展前景。

# 第二章 数智时代珠宝设计的方法

## 第一节　数智化珠宝首饰的生产流程

现代的数智化珠宝首饰生产流程和传统手工制作的珠宝生产流程相比,在工作模式、工作环境、工作效率等多个方面都存在显著的区别。

(1)创意设计阶段:经过前期的设计调研,设计师在明确了设计目的和设计任务之后,用平面的方式将设计创意表达出来或将设计图画出来。传统设计师应用手工绘制平面图的方式,通过单一角度或多角度展现出产品的基本外观特征、材料、尺寸、加工工艺等,获取初步的产品标准,以便与客户交流需求和跟进生产过程。传统设计方式需要很多设计工具,如绘图纸、笔和规板等,修改比较耗时费力,设计场地固定(图2-1);而对于数智化设计,设计师除了可以实现自己的设计创意外,还可以借助AI软件提供的各种的设计灵感,应用数位板也可以轻松地绘制、修改并存储,摆脱了空间的束缚,可以在任意时间、地点进行设计,方便且效率高(图2-2)。

图2-1　传统手绘设计方式

图2-2　数智化设计方式

（2）建模阶段：使用计算机辅助设计软件进行珠宝首饰建模。设计师可以通过软件创建珠宝首饰的3D模型，并可以进行各种调整，细节多，易修改，易存储（图2-3）。建模阶段也是实物效果的真实再现，体现了"所见即所得"的设计效果。

图2-3　计算机辅助设计软件

（3）成型阶段：在传统模式中，直接用雕蜡（图2-4）或金工起版的方式制作蜡版或最终产品，这里对手工起版师傅的经验和手工技术要求高。传统雕蜡，入门难度高，制作细节不易，通常需要多年训练和经验的积累才可以比较完美地按照设计图呈现最终实物形态，如果涉及大的修改及调整则意味着前期工作的失败和浪费；而数智化设计的三维模型可以直接使用数控机床或3D打印机等设备进行珠宝首饰的3D打印（图2-5），直接将设计师的设计意图转化为实际的物理模型，并可以根据实物模型不断调整和优化设计方案。

图2-4　手工雕蜡起版

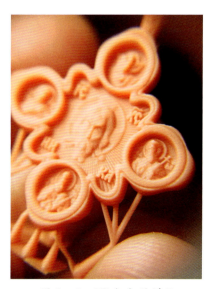

图2-5　3D打印的蜡版

（4）铸造阶段：对于最终成品材料为金属的首饰而言，手工雕的蜡版或是3D打印的蜡模需要先放入一个特殊的容器中，然后倒入石膏并抽真空。石膏固化后，容器被放入高温炉中焙烧，蜡模融化后从水口流出，留下一个精确的首饰形状的空腔。再将熔化的贵金属（黄金、银等）倒入石膏模型的空腔中。待金属冷却凝固后，将石膏模冷水炸洗，取出里面的金属铸件，得到首饰毛坯。工厂里的铸造方式有手工铸造（图2-6）和全自动铸造（图2-7）两种模式：手工铸造的首饰表面相对粗糙，报废率也稍高；全自动铸造得到的首饰成品表面比较光滑。

图2-6　手工铸造

图2-7　全自动铸造

（5）修整执模阶段：将铸造得到的首饰毛坯进行手工修整。铸造过程中由于材料、温度、湿度等外在条件不同，铸造成品的金属表面容易形成粗糙的颗粒物及少量的沙孔，需要进行物理处理（如执模、抛光等工艺）。这一步骤可以使首饰表面更加光滑、细腻。传统执模阶段多采用火枪（图2-8）、锉刀、砂纸等工具通过肉眼观察加上经验判断处理细节，这样容易造成产品标准不一致的情况；现在更多的工厂会采用激光（图2-9）或数字设备处理表面问题，这样可以更精准地处理产品局部瑕疵。

图2-8　传统火焊，焊点大

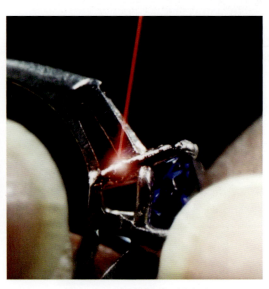
图2-9　激光焊接，焊点小

(6)镶嵌阶段:根据设计要求,在首饰上镶嵌宝石或其他装饰物。在这一步需要使用精确的镶嵌技术,以确保宝石牢固地固定在首饰上。手工镶石效率低(图2-10),数字化计算机数控(CNC)技术镶石实现了镶嵌自动化(图2-11)。

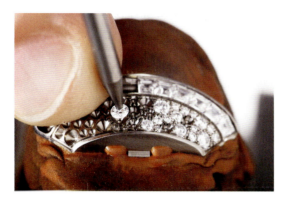 

图2-10　传统手工镶石　　　　　　　图2-11　CNC镶石

(7)表面处理阶段:对首饰进行表面处理,如喷砂、拉丝、车花、电镀等,提高了珠宝首饰的外观效果,增加了耐用性(图2-12、图2-13)。

图2-12　传统手工金雕纹理　　　　　图2-13　数控机床雕刻纹理

(8)质检阶段:对珠宝首饰进行检验和质量控制,确保其符合设计要求和标准。这一步骤包括检查外观、测量尺寸等(图2-14)。

(9)包装和销售阶段:将制作好的珠宝首饰进行包装,并配送给销售商或最终客户(图2-15)。

数智化的珠宝首饰生产流程相较于传统的手工作业,能更好地提高设计和生产的精度、效率和灵活性,但也需要更高的技术水平和更先进的设备(表2-1)。在首饰生产流程中,不同厂商的工艺细节可能会有所差异。

图 2-14 质检　　　　　　图 2-15 产品包装

表 2-1　传统手工作业和现代数智化珠宝首饰生产方式的区别

| 工序 | 工作流程 | 传统方式 | 数智化方式 | 数智化方式的优势 |
| --- | --- | --- | --- | --- |
| 1 | 创意设计阶段 | 手绘 | ChatGPT、Midjourney、Stable Diffusion、Photoshop、Procreate | 数智化方式出图速度快,打破空间局限,释放设计师的灵感 |
| 2 | 建模阶段 | 无 | Rhino、ZBrush、JewelCAD | 数智化方式建模方便修改,真实呈现,能精准报价,方便传输及保存 |
| 3 | 成型阶段 | 雕蜡、金工 | 3D 打印、CNC 雕刻 | 数智化方式速度快,成本低,可以批量加工 |
| 4 | 铸造阶段 | 离心铸造 | 自动铸造 | 数智化方式成品率高,材料纯度高,可以大量快速制造 |
| 5 | 修整执模阶段 | 用砂纸、锉刀等处理 | 激光、滚筒、电解抛光 | 可批量生产,损耗低,成本低 |
| 6 | 镶嵌阶段 | 手镶、在金属上镶嵌 | 自动蜡镶、CNC 镶嵌 | 标准统一,成本低,可批量生产 |
| 7 | 表面处理阶段 | 抛光、压光等 | 数智激光雕刻、数控车纹等 | 可选效果丰富,耐久性好,为产品增值 |
| 8 | 质检阶段 | 人工质检 | AI 质检 | 数智化方式快速,质量标准统一 |
| 9 | 包装和销售阶段 | 实体销售 | 互联网、私域销售 | 数智化方式销路更广泛,库存压力小 |

## 第二节　数智化首饰设计的思路及方法

在数智化设计时代，各种软件包括人工智能软件的不断涌现，使得设计的思维和方法都发生改变，传统设计需要花费大量时间去训练表达技法，如今科技的支撑使得专业设计表达的技术门槛大大降低，"人人成为设计师"也成为可能。因此对于专业的设计师而言，需要重塑设计思维和方法，从传统的技法约束和精力耗费中解放出来，更注重创意的寻找和实现方式，而创意的源头是确立设计需要解决的问题。能敏锐地从社会发展和人类生活中发现问题可能成为碳基生命的人类与硅基生命的人工智能最本质的区别。这也促使我们去思考今天的设计师应如何认识设计应有的底层逻辑和流程，以及如何处理和人工智能之间的关系。

设计应来源于对真实世界有价值的改造，改造是为了解决目前存在的问题，而通过设计完成的解决问题的方案还要符合可持续发展的原则。因此作为设计师首先要对真实世界进行观察、体验和感悟，从中发现问题和不足。这种设计思维将极大地突破设计师原有的固化在熟悉的设计领域框架内的设计惯性。如在设计珠宝首饰时，习惯性的思维是默认其佩戴装饰功能，默认已有的成熟的首饰种类和佩戴方式、应用场景，设计师能创新的可能只是其外在的形式，包括空间造型、材质结构以及工艺等。但如果不以首饰固有的形式、功能为出发点，而是通过发现社会问题，继而从珠宝首饰设计的角度出发思考如何去帮助解决这些问题，这种思维逻辑的改变无疑大大拓展了首饰设计的可能形式。比如面对老龄化社会临终关怀问题、快节奏高压力下心理健康问题、大健康可穿戴问题等时，我们的首饰设计如何融入上述问题的解决方案呢？这是设计的原点，也是设计师在计划启动一个有价值有意义的设计项目时应该考量的第一个问题。

确立了一个需要解决的问题之后，设计师要针对该问题进行预设计调研，包括问题产生背景的调研、服务对象需求的调研、可能的设计形式的调研、材质工艺的调研、产品成本的调研、产品投入市场运营方式的调研等。调研过程也是预设计过程，调研方式可以是传统的大数据统计方式，也可以通过先进的脑电和眼动等测试手段帮助确定大概的设计方向。

基于上述研究，设计师可以进入具体的设计流程。根据调研结果，设计师可以通过AI辅助软件进一步发散思维，寻找素材，在众多的设计方案中筛选有价值的设计，并通过不断与AI交互促使AI生成式设计不断优化和完善，逐步符合自己的要求，形成2D设计图。由于AI能快速海量出图，设计师在这个阶段的试错成本大大降低，可以尝试自己所有的设计想法。而在传统设计阶段，由于设计表达技法相对低效（相比于AI），设计师在此阶段耗费大量体力，降低了设计思维的有效性。

待设计方案比较成熟和成形后，设计师接下来要做的工作就是完成设计的数字模型。这是考验设计成品（实物）是否能如实反映设计方案的重要步骤。由于AI建模类软件还处于完善阶段，所以目前的数字化建模主要是由人工通过各种建模软件完成的。软件的种类很多，可以支持电脑端和平板端等。熟练的数字化设计师可以通过鼠标或数位板完成各种设计模型的构建。在这一步，设计师完成的实际上是传统手工起版师的工作，所以数智化设计完美地将传统手绘设计师与起版师的职责融于一体，减少了设计意图和信息在不同岗位之间传输导致的消减和误读,实现了设计渲染图和实物图的高度一致性,所见即所得。未来随着 AI 建模软件的进一步智能化,人工建模也将会被 AI 替代,那么设计的技法门槛将进一步降低,更将设计师从技法中解放出来,设计的核心——"发现"和"创意"就会更加凸显。

数字化 3D 模型可以通过各种不同的打印方式呈现实物,打印方式也是依据设计本身的需要选择的,如可以选用各种尼龙或树脂直接打印最终成品,也可以通过喷蜡打印获得蜡版后再铸造成金属成品,还可以通过激光金属粉末直接打印金属成品。不同打印方式涉及的原理、设备、材料和打印精细度都不同,后处理的方式也不同,因此打印的相关技术和要求也是数智化时代设计师应该掌握的基本知识。由于打印成本降低,3D 打印提供了很好的可以根据实物模型进行设计优化的途径。

就完整严谨的设计流程而言,完成了产品的设计及物化,设计过程并没有结束。产品要经过消费者和使用者等进一步测试、反馈、调整完善,最终才能确定设计方案,投入量产。完整的设计方案和过程还应该包括产品落地后的陈列展示、宣传策划及推广等。设计师可以继续应用 AI 软件或者其他数字化软件制作平面广告、交互 APP、动画小视频等,以全面阐释产品的设计目的,更系统地解决存在于社会大众中的设计源点问题。这也比较好地说明当下的设计已不仅是个物的设计,而是围绕某一具体问题的解决方案的设计,即落脚在物,却又不止于物。

从上述设计思维和方法可以看出,在数智化时代设计师更加关心的是寻找需要解决的问题以及解决问题的完美方案,各种数字化软件、AI 智能工具以及 3D 打印先进制造技术不仅延伸了人的身体机能,也辅助拓展了人的思维空间,大大提高了设计效率,也更加充分地发挥了生活在真实世界中的人类应该贡献的价值。

## 第三节　数智化首饰设计软件分类

依照珠宝首饰设计的工作流程,我们把相关设计软件分为创意、设计草图、建模、雕刻、渲染五大类(表 2-2)。

表 2-2　数智化首饰设计软件分类

| 分类 | 软件名称 | 软件类型 |
| --- | --- | --- |
| 创意 | ChatGPT、Midjourney、Stable Diffusion、Luma、Monica、Bing | AI |
| 设计草图 | Photoshop、Procreate、ArtRage | 2D |
| 建模 | JewelCAD、Rhino、Matrix、3Design、Shapr3D(iPad 端) | 3D |
| 雕刻 | ZBrush、Mudbox、FreeForm、Nomad(iPad 端) | 3D |
| 渲染 | KeyShot、V-Ray、RhinoGold | 3D |

（1）创意在设计中具有极其重要的作用，它是设计的灵魂和驱动力之一。创意可以帮助设计师创建独特和具有独创性的作品。将新颖的观点融入设计中，可以使产品或项目在竞争激烈的市场中脱颖而出。创意的来源可以多种多样，它首先需要设计师对世界、社会、不同群体等用心地观察、体验和思考，在学习人文、历史，观察周围的世界、细节和情境中发现问题，并围绕问题的解决方案展开设想，从形态和结构功能等各角度探索设计的新创意。

围绕问题，设计师可以借助 ChatGPT、Monica、Bing 等语言 AI 模型，通过聊天的方式激发自己的设计灵感，例如向 AI 提供一些关键词或短语，要求它生成与之相关的创意性文本，帮助自己扩展思维和激发新创意，或者向 AI 提有关艺术、科学、文化、历史等方面的问题，从中获得创意的灵感和背景信息。

尽管 AI 可以为设计师提供创意灵感，但创意的最终质量和是否具有实用性仍然取决于设计师的个人能力和判断力。创意是一个创造性的过程，AI 可以作为一个有用的工具，但并不能完全代替人类的创造力，因为目前的 AI 还缺乏人类对真实世界的感受，也缺乏因此获得的丰富情感，设计师需要在和 AI 交互过程中不断通过碰撞和思考，帮助自己获得更加丰富的创意灵感来源。

（2）设计草图的创作为搭建创意与实体的桥梁，是设计过程中必不可少的步骤。在珠宝设计中，草图的创作可以推进设计、解决创作中出现的问题，亦可以帮助在成品制作时更高效地与工艺师傅进行沟通。相比于效果图，通过草图更能够看出设计师是否具备足够严谨的思维逻辑及较强的创作能力。传统珠宝首饰设计的草图都是以手绘的形式完成的。在数智化时代，我们拥有更快捷的记录和绘制工具，诸如手机相机、Photoshop、Procreate、ArtRage 软件等，设计师可以通过外接数位板或压感笔快速记录素材，并绘制草图和填充颜色。使用这些软件和工具不仅可以快速记录素材和绘制草图，也可以依据设计需求绘制生产用的首饰三视图和逼真的渲染效果图。

（3）建模指的是在对珠宝首饰产品的材质、结构、工艺等有一定的了解之后，通过计算机语言的交互，利用与点、线、面、体有关的数字思维，构建出符合实际生产要求，同时又兼顾设计美学的 3D 模型。

在珠宝首饰中常用的建模软件有 JewelCAD、Rhino、Matrix、3Design、Shapr3D（iPad 端），如今也有很多软件高手跨界运用 3DMAX、Maya、C4D 来构建珠宝首饰模型。

重量、价格、生产周期、采购等计算结果在各个环节中重复使用，极大地降低了整个珠宝首饰加工过程的计算成本。良好的数据模型极大地减少了不必要的数据，规避了生产过程出现的问题，为实际生产节约了大量的时间成本，减少了经济浪费。

（4）雕刻软件主要针对珠宝首饰中常见于人物、动物、植物等的非几何曲面造型或者一些金属肌理进行数智化雕刻。与建模环节不同，在传统认知中珠宝首饰设计数字建模只能构建对称或者比较规则的模型，对于艺术感较强或者随机性较大的效果无法进行良好的构建。因此，在传统认知中，珠宝首饰里稍微复杂的动植物造型会借助手工雕蜡方法进行制作。然而现实生活中随着数字时代的到来，越来越多的年轻人已经无法融入漫长的手工技能学习中，对于雕蜡技术也只停留在会用工具的初级阶段。雕刻软件的诞生可以说对珠宝首饰行业的数字化具有划时代的意义。

常见的雕刻软件有 ZBrush、Mudbox、FreeForm、Nomad（iPad 端）等。它们都告别了过

去仅依靠鼠标和参数来机械性创作的模式,现在可以外接压力触控设备,模仿手工任意雕刻的感觉,让设计师能毫无约束地自由创作,完全释放了他们的创作灵感。

（5）渲染指的是用赋予材质、绑定动画、设置灯光等渲染技术使制作的模型呈现实物般的逼真效果,它也是数字化设计的最后一道重要程序。随着计算机图形的不断进化,三维制作技术的应用也越来越广泛。目前影视动画、游戏、教育、建筑动画、视觉可视化等行业都在使用这种技术,并且随着科技的发展,越来越多的新技术被研发并应用到新的行业中。

在珠宝领域中我们常见的渲染器有 V-Ray、KeyShot、RhinoGold 等,它们都属于较简单的渲染器,自带金属和宝石材质,对于珠宝的静态、动态渲染都非常直观与简洁。设计师不需要花太多时间学习,就可以轻松掌握渲染的技巧。渲染技术对他们提炼和表达产品有非常关键的作用。

# 第三章
# 人工智能辅助设计

人工智能也称 AI,是一门研究、开发用于模拟、延伸和扩展人的智能理论、方法、技术及应用系统的技术科学。常见的人工智能辅助设计软件有以下几种。

## 第一节 ChatGPT

ChatGPT 是一种自然语言处理(NLP)模型,是在 transformer 模型基础上构建其文本语料库,通过人类反馈来加以训练,生成自然语言文本。ChatGPT 是 OpenAI 公司研发出来的一款人工智能。OpenAI 公司由埃隆·马斯克等人共同创立,它的创立目标是与其他机构合作进行 AI 的相关研究(图 3-1)。

图 3-1 ChatGPT-4 大模型发布海报

从使用效果上看,ChatGPT 文本生成与对话能力显著,主要覆盖回答问题、撰写文章、文本摘要、翻译语言和生成计算机代码等方面。ChatGPT 可以从许多方面对产品设计产生影响,包括回答一些学术问题、生成创意文案、寻求设计建议、润色创意文案等。

虽然有人担心 ChatGPT 会为设计领域带来风险，但它作为一种变革性力量，已经在全球各个领域引发广泛关注。智能技术的快速发展，势必进一步引发传统设计的深刻变革。当前面对 AI 对设计行业的冲击，应通过重新审视传统设计模式的优缺点，客观评价人工智能给传统设计带来的机遇与挑战，才能做到取其精华、去其糟粕，使两者实现真正的融合与适配。

打开 ChatGPT 可以看到它的界面非常简单（图 3-2），右侧有一个简单的可输入文字的对话框，左侧则可见到之前的聊天内容。用户基本不需要学习太多代码或编程知识，只要会聊天就可以对 GPT 机器人提出指令。在右侧最上方可以选择语言模型，3.5 版本模型可供免费使用，4.0 版本模型则需要付费才可以进行对话，两个模型版本中，后者在专业领域的应用更深。例如提问：What is tomorrow in relation to yesterday's today?（昨天是明天的什么？）GPT-3.5 回复：Yesterday（昨天），GPT-4 回复：Past（前天）。显而易见，4.0 版本模型的思考会更深入、更准确一些。

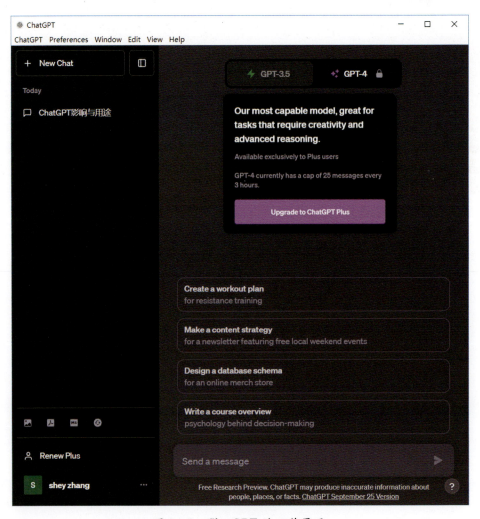

图 3-2　ChatGPT 的工作界面

与 AI 的对话框在界面底部,在那里可以输入问题。在默认情况下,ChatGPT 以英语响应(如果需要用中文聊天,可以直接在对话框内输入"请用中文回复")。与 ChatGPT 交流时,要注意提问的方式。尽管它是一种竭尽全力理解提问者问题的人工智能,但我们输入的问题仍应是具体的问题,从而最大限度地减少由于机器人误解问题本质而导致错误的风险。

以下我们通过一个 ChatGPT 的对话案例,展示它是如何在珠宝设计中为我们提供创意性思路的。

图 3-3 是某珠宝设计比赛的海报,从中我们只能获得"不同年代及文化元素"这个非常抽象的设计方向。过于宽泛的命题虽然可以给设计师提供非常广的思维空间,但也会让设计师感到迷茫。借助 AI,设计师可以在迷茫时获得一些参考,从而在交互碰撞中打开思路,不断完善设计思路并获得大量设计素材。

图 3-3 珠宝设计大赛海报

首先要了解设计需求,针对设计需求进行思考,并学会向 ChatGPT 提出具体的问题(图 3-4)。

(1)如何定义"不同年代及文化元素"?
(2)列举 20 个"不同年代及文化元素",例如与中华民族有关的元素,并解释这些元素的含义。
(3)我觉得这些元素只有图案寓意,并不具备时代感,能否给出 20 个拥有时代感的中国文化元素。

要基于最基本的问题递进式地进行提问,而且我们对答案要持怀疑态度,因为它的回答不一定就是对的,需要我们进一步求证。

从图 3-4 可以看出,通过简单的对话 ChatGPT 就为设计师提供了相对具体的设计元素,让在茫茫大海上还没有找到方向的设计师得到一点启发,也为设计珠宝作品前期的搜集素材、整理资料、梳理背景工作节约了相当多的时间。

当然可以进一步细化创作要求。例如在以上元素中"京剧脸谱"元素是符合主题的,但是对如何用这个元素进行具体的设计,还需要继续同 AI 深入交流,希望它能给出明确的设计元素、情感表达及设计文案等。

> **S**：现在有一个珠宝设计的比赛，需要以不同年代及文化元素为设计基础，为一场盛典设计出各种扣人心弦的珠宝首饰，为人们带来一场与众不同的视觉享受。这里有一些设计灵感需要和你讨论

**当参加珠宝设计比赛，以不同年代和文化元素为设计基础时，你可以采用以下方法来获取设计灵感：**

1. 研究不同文化和时代的珠宝风格：
   - 了解不同文化的珠宝传统，例如印度的卡拉瓦亚珠宝、中国的玉石珠宝、埃及的法老珠宝等。
   - 研究不同历史时代的珠宝设计，包括古希腊、文艺复兴、维多利亚时代等。
2. 寻找文化元素：
   - 搜集关于各种文化的图像、符号和图案，如印度的梅花、中国的龙、埃及的金字塔等。
   - 了解文化的象征意义和历史背景，以便将其融入设计中。
3. 混合和匹配元素：
   - 尝试将不同文化元素和时代特点相结合，创造出独特的设计。
   - 考虑使用不同的材料，如黄金、白金、宝石和珍珠，以增强设计的多样性。
4. 利用当代审美：
   - 将古老的元素和现代审美观相结合，创造出符合当代品味的设计。
   - 了解当前珠宝市场的趋势和消费者的偏好，以确保你的设计具有吸引力。
5. 实验和创新：
   - 制作原型或样品，以看看设计的实际效果如何。
   - 不断尝试不同的组合和形状，以发掘新的创意。
6. 向专业人士请教：
   - 与珠宝设计师、工匠或艺术家交流，获取他们的建议和意见。
   - 参加珠宝设计研讨会和展览，与同行分享和学习。
7. 持续学习：
   - 不断提升自己的设计技能，了解最新的珠宝制作技术和材料。
   - 阅读有关珠宝设计和艺术的书籍和文章，保持灵感的新鲜和多样。

最重要的是，保持开放的心态，不断尝试新的想法和方法，创造出独特且引人入胜的珠宝设计，为盛典带来难以忘怀的视觉享受。祝你在比赛中取得成功！

> **S**：如何定义"不同年代及文化元素"

**"不同年代及文化元素"的定义可以根据具体的上下文和设计需求而有所不同，但通常可以理解为以下内容：**

1. 不同年代：这指的是不同历史时期或时代的特点。每个时代都有其独特的风格、审美和特征。例如，古希腊时代、文艺复兴时期、维多利亚时代等都代表着不同的时代，其珠宝设计风格各具特色。
2. 文化元素：这指的是不同文化或民族的符号、图案、象征、传统和艺术特征。各个文化都有其独特的珠宝传统和风格，如印度的卡拉瓦亚珠宝、中国的玉石珠宝、埃及的法老珠宝等。文化元素可以包括宗教符号、传统纹饰、民族图案等。

因此，"不同年代及文化元素"可以被视为一种设计灵感来源，涵盖了历史时期和不同文化的元素，可以在珠宝设计中融合和表现出来，以创造出独特和多样化的珠宝作品。设计师可以选择特定的时代和文化元素，或者将它们结合在一起，以创造各种扣人心弦的珠宝首饰。

> 列举出20个"不同年代及文化元素",列如与中华民族有关的元素,并解释这些元素的含义。

以下是20个不同的年代和文化元素的例子,其中包括一些来自中国文化的元素,并解释了它们的含义:

1. **玛雅文化的太阳符号**:玛雅文化中,太阳被视为神圣的象征,代表光明、力量和生命的源泉。
2. **印度的恒河**:恒河在印度文化中具有极高的宗教意义,被认为是神圣的、清洗心灵的河流。
3. **中国的龙**:龙是中国文化中的重要象征,代表着权力、尊贵和幸运。它通常与皇帝和皇室联系在一起。
4. **古埃及的金字塔**:古埃及金字塔是世界著名的文化象征,代表着死后的重生和永恒。
5. **日本的樱花**:樱花在日本文化中具有特殊意义,象征着短暂而美丽的生命,以及人生的易逝性。
6. **希腊的古典柱式**:古希腊的柱式包括多里克、伊奥尼克和科林斯三种,代表了不同的建筑风格和审美。
7. **文艺复兴时期的大理石雕像**:文艺复兴时期的大理石雕像是艺术的巅峰之作,代表了人类的智慧和美学。
8. **印度的莲花**:莲花在印度佛教和印度教中具有神圣的地位,象征着纯洁和启示。
9. **埃及的法老头像**:埃及的法老头像是古埃及文化的标志,代表了古代文明和权力。
10. **中国的文房四宝**:文房四宝包括毛笔、墨、纸和砚台,是中国书法和绘画的重要工具,具有深厚的文化内涵。
11. **古罗马的斗兽场**:古罗马的斗兽场是古代娱乐和权力展示的象征,代表着竞技和残酷。
12. **印度的梅花图案**:梅花在印度文化中常常被绘制在纺织品上,代表着美丽和繁荣。
13. **中国的红色**:红色在中国文化中是幸运和喜庆的颜色,常用于婚礼和节庆。
14. **古希腊的神话故事**:古希腊神话包括众多的神祇和英雄故事,为艺术和文学提供了灵感。
15. **印度的奥姆符号**:奥姆符号是印度教和佛教中的重要符号,代表了宇宙的原始音韵。
16. **中国的丝绸之路**:丝绸之路是古代中国与其他文化交流的重要通道,带来了文化、贸易和技术的交流。
17. **古埃及的荷鲁斯之眼**:荷鲁斯之眼是古埃及神话中的符号,代表着保护和神圣的力量。
18. **日本的和服**:和服是日本传统的服装,代表着优雅和文化传承。
19. **希腊的奥林匹克运动会**:奥林匹克运动会起源于古希腊,代表了体育和竞技的精神。
20. **中国的八卦图**:八卦图是道教哲学的重要符号,代表着自然的力量和平衡。

这些元素代表了不同文化和时代的核心价值观、信仰和美学,可以在珠宝设计中加以体现和传达。

> 我觉得这些元素只有图案寓意,并不具备时代感,能否给出20个拥有时代感的中国文化元素。

当涉及到拥有时代感的中国文化元素时,以下是一些可以考虑的元素,它们融合了传统和现代的特点,并在不同历史时期中持续发展:

1. **汉服**:汉服是中国传统服装,近年来经历了复兴,具有独特的古代风格和现代设计。
2. **中国的大熊猫**:大熊猫是中国的国宝,代表了中国的自然和环保关切。
3. **中国的长城**:长城是中国的标志性建筑,代表着古代的防御工程和文化遗产。
4. **中国的茶文化**:茶文化是中国的传统,代表着宁静和品味。
5. **中国的京剧脸谱**:京剧脸谱是中国戏曲的一部分,具有丰富的色彩和图案,传达不同角色的性格和情感。
6. **中国的风水学**:风水学是中国传统文化中的一部分,涉及环境布局和能量流动,代表着宇宙的平衡。
7. **中国的太极图案**:太极图案代表着阴阳平衡和和谐,是中国文化中的重要元素。
8. **中国的科举制度**:科举制度在中国历史上有着重要地位,代表着知识和教育的重要性。
9. **中国的字画艺术**:中国的书法和绘画传统有着丰富的历史,代表着文化的表达和创造。
10. **中国的舞龙和舞狮**:舞龙和舞狮是中国传统的庆典表演,代表着欢乐和祝福。

> 11. 中国的春节联欢晚会：春节联欢晚会是中国传统文化的一部分，代表着新年的盛大庆祝。
> 12. 中国的云纹装饰：云纹是中国传统装饰的常见元素，象征着好运和幸福。
> 13. 中国的红灯笼：红灯笼是中国传统节日的标志，代表着幸福和庆典。
> 14. 中国的四大发明：指南针、造纸术、印刷术和火药是中国古代的重要发明，代表着科技和文明的进步。
> 15. 中国的瓷器文化：中国瓷器有着悠久的历史，代表着陶瓷艺术和精湛工艺。
> 16. 中国的京剧：京剧是中国传统戏曲的代表，具有丰富的戏曲元素和戏剧表现。
> 17. 中国的春秋笔法：春秋笔法是中国书法的一种风格，兼具传统和现代审美。
> 18. 中国的珠宝盒：中国的珠宝盒常常具有精美的设计和工艺，代表着珍贵和收藏价值。
> 19. 中国的丝绸文化：中国丝绸是世界闻名的，代表着优雅和质感。
> 20. 中国的杭州西湖：杭州西湖是中国著名的风景胜地，代表着自然之美和宁静。
>
> 这些元素融合了中国传统文化和现代生活，具有时代感且具有丰富的设计潜力，可以用来创作多样化的珠宝首饰。

图 3-4　ChatGPT 对话案例

尽管 ChatGPT 可以为设计师提供创意灵感，但创意的最终质量和是否具有实用性仍然取决于设计师。因此 ChatGPT 可以作为一个有用的工具，但并不能完全代替人类进行创作。

## 第二节　Midjourney

Midjourney（图 3-5）是一个由 Midjourney 研究实验室开发的人工智能程序，可根据文本生成图像，目前架设在 Discord（图 3-6）频道上。使用者可通过 Web 浏览器、移动应用程序（手机端、iPad 端）或桌面应用程序登录到 Discord，再给 Midjourney 的机器人下发指令进行操作，创作出许多图像作品。多使用端口使它脱离空间对创作力的约束。Midjourney 可以在几秒内根据简单的文本提示生成令人惊叹的图像，因为它直接架设在 Discord 上，只要拥有合适的网络就可以使用它，不需要专门的电脑硬件或者算力的支撑。在使用 Midjourney 之前，拥有经过验证的 Discord 账户即可。

图 3-5　Midjourney 图标　　　　　　图 3-6　Discord 图标

Midjourney 历经了 6 个版本的迭代（V1—V6），每次迭代都是产品功能的飞跃。2022 年 3 月，Midjourney 启动邀请制 Beta 版本。由于文生图本身强大的吸引力，且创作的图片质量较高，它一经推出就吸引了大量用户。V1 版发布时仍参考了很多的开源模型，同年 4 月、7 月、11 月分别发布 V2、V3、V4 版，其中 V4 版补充了生物、地点等信息，并迭代出了自己的模型优势，增强了对细节的识别能力及多物体、多人物的场景塑造能力。2023 年 12 月 20 日，经历多次更新后的 Midjourney V6 版本解决了一些技术难题，完成了跨越性的突破，并于 2024 年 2 月 14 日成为默认模型。

Midjourney V6 模型在图像生成的品质上作出了显著提升，无论是在画面的质感还是在细节的描绘上，都呈现出更加精细的效果。光影的处理也显得更加真实和自然。

V6 模型在理解文本提示方面也取得了重要进展。它不仅能够处理更长的文本提示，最多可接受 350~500 个词，而且在语义理解上也更为准确，能够精确地呈现出提示词中提及的所有元素及其颜色、位置和相互关系。这意味着用户在编写提示词时不必局限于使用短语，从而更容易生成想要的图像内容。

Midjourney 推出描述（describe）功能，通过自行闭环做到"图像反推提示词"。用户只需上传一张图片，便会自动分析图片并生成 4 条对应的提示词，点击对应按钮可直接生成类似图片。从图像反推提示词，可以了解在 Midjourney 中哪些是重要的图像语言，通过自行闭环推动人类拥抱这项技术。

Midjourney V5.2 模型（图 3-7）于 2023 年 6 月发布，相较早期的版本，这款模型可生成更详细、更清晰的结果，颜色、对比度和构图也更好，而且它对提示的理解也稍好一些，并且对整个参数范围的响应更加灵敏。

Midjourney V5.1 模型（图 3-8）于 2023 年 5 月 4 日发布。与早期版本相比，该版本生成的图具有更强的美感，更易于使用简单的提示词。它还具有高一致性，擅长准确解释自然语言提示，减少了水印边框的出现，提高了图像清晰度，并支持高级功能如重复模式——tile。

图 3-7 Midjourney V5.2 模型出图效果

图 3-8 Midjourney V5.1 模型出图效果

Midjourney V5 模型(图 3-9)生成的图像与提示语匹配度高,但可能需要更长的提示语才能实现使用者所需的美感。

Midjourney V4 模型(图 3-10)是 2022 年 11 月至 2023 年 5 月期间的默认模型。该模型具有由 Midjourney 设计的全新代码库和全新的 AI 架构,并在新的 Midjourney AI 超级集群上进行训练。与早期的模型相比,这一版本模型增加了对生物、地点和物体的认知。该模型具有非常高的一致性,并且在图像提示方面表现出色。

图 3-9　Midjourney V5 模型出图效果

图 3-10　Midjourney V4 模型出图效果

Niji 5(图 3-11)模型是 Midjourney 和 Spellbrush 的合作版本,具有更多的动漫美学知识,可以制作动画和插图风格的作品。它非常适合动态和动作镜头以及以角色为中心的绘图。

Midjourney V3(图 3-12)模型比早期的两个版本更能让使用者接受,它可以做一些基础的颜色、形体、空间的识别,但是它的绘画风格依然显得很单调。

图 3-11　Midjourney Niji 5 模型出图效果

图 3-12　Midjourney V3 模型出图效果

Midjourney V2(图3-13)只能进行简单的贴图拼接,貌似还属于很"懵懂"的状态,只是对提示词的初级表达。

Midjourney V1(图3-14)对名词的基本理解和表述都不太到位,甚至很混乱,不受用户控制。

图3-13　Midjourney V2模型出图效果　　　图3-14　Midjourney V1模型出图效果

通过分析以上诸多版本模型出图效果,不难看出Midjourney在迅速成长,第一代模型中稚嫩的笔触好似一个儿童的画作,发展至今它可以驾驭各种风格、各种素材,宛如一位绘画大师。Midjourney目前已经实现诸如超清8K出图、局部细节修改、场景扩写等功能,随着更多新功能的诞生它也将在绘画、设计等各个领域带来飞速的改变。

在使用Midjourney作图时要关注两点:首先Midjourney是基于互联网平台的AI工具,所以不可以出现暴力、血腥、色情等内容;其次,使用Midjourney绘制的图片在版权方面也有一些争议,据官方介绍,只有高级会员的图纸版权在用户,其他所有利用Midjourney工具产生的图片,版权都属于其公司(图3-15)。

图3-15　Midjourney各级别订阅费用

接下来利用电脑客户端的出图案例来介绍一下Midjourney是如何通过用户给出的提示词来完成一系列首饰作品的设计构想的。

首先在 Discord 的官网完成账号注册(图 3-16)。

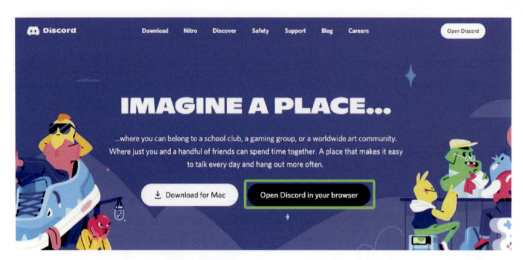

图 3-16　Discord 的官网注册界面

注册完成后可以去 Midjourney 官网向 Midjourney 的机器人提出聊天邀请。Midjourney 接受邀请后,点击"接受"会跳回到 Discord 页面,这时就进入了 Midjourney 在 Discord 的主频道(图 3-17)。

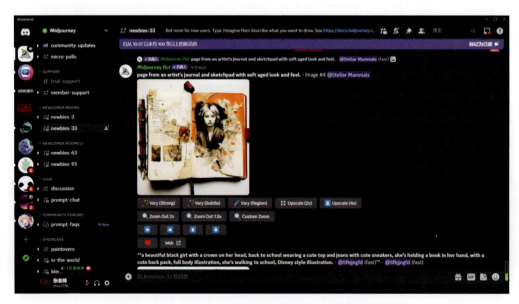

图 3-17　Midjourney 在 Discord 主频道里的作图界面

界面的左侧是一些聊天频道,全世界的用户在这里积极讨论和出产作品,当然这里的作品并不具有私密性,很容易被拷贝。设计师也可以创建独立的服务器与 Midjourney 机器人进行对话出图,这样在互联网平台制作的图片就只对个人或者用户指定的部分好友可见。

在整个聊天室对话栏的底部,可以看到一个输入文字的地方(图3-18)。只要在这里输入相应的英文描述词,在聊天界面就能看到 Midjourney Bot 生成的 4 张图片,耗时几十秒。目前已有部分用户尝试用中文出图,但通过实际效果我们发现 Midjourney Bot 可能不能很好地理解中文的意思,所以没有英语基础的同学,可以借助翻译软件生成英文关键词后再输入,最终达到相应的出图要求。

图 3-18　Midjourney 对话窗口 1

一般在出图之前要选择相关的 AI 算法模型,在对话框中输入"/setting"就可以选择版本设置项以及其他模型基本项(图3-19),主要包括版本(图3-20)、绘图质量、风格、升格、模式等。

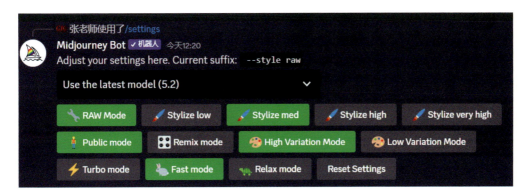

图 3-19　Midjourney 选项窗口

设置完成之后就可以进行图片的绘制了。这里主要演示 3 种最常见的工作模式:文生图、图生文、图生图。

1. 文生图

文生图就是用户用文字对话的方式输入对设计产品的描述,包括材质描述、形态特征、情感表达等。Midjourney Bot 会根据描述生产 4 张效果图。如果图片未达到预期效果,可以通过修改文字描述获得新的效果图。

在对话窗口输入"/imagine＋描述语句"(图3-21)。例如在对话窗口输入"/imagine"后,再输入以下文字(图3-22)。

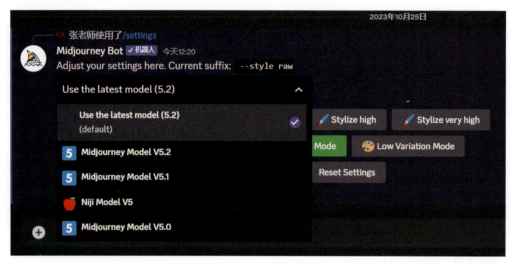

图 3-20　Midjourney 版本窗口

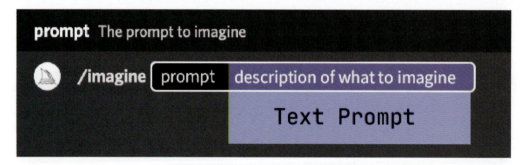

图 3-21　Midjourney 对话窗口 2

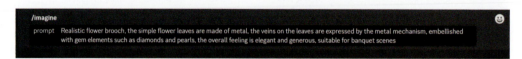

图 3-22　在 Midjourney 中输入需求

Realistic flower brooch, the simple flower leaves are made of metal, the veins on the leaves are expressed by the metal mechanism, embellished with gem elements such as diamonds and pearls, the overall feeling is elegant and generous, suitable for banquet scenes.（逼真的花形胸针,花瓣由金属制成,叶子上的脉络则通过金属进行表现,点缀以钻石和珍珠等宝石元素,整体感觉优雅大方,适合宴会场合。）

等待 10 秒左右得到以下 4 张逼真的胸针设计图（图 3-23）。

可以看到,Midjourney Bot 基本能够准确捕捉到文字信息,生成色彩和谐、比例适中的效果图。而普通设计师是不太可能在短时间内产出这样品质图片的。

图 3-23 Midjourney 生成的 4 张设计图

使用什么样的文字才既可以准确表达设计需求,同时又使 AI 更容易抓住设计重点呢?在文生图的命令中要注意以下几点。

(1)提示长度:提示语可以非常简单。如果提示语为单个单词(甚至是表情符号),Midjourney 将生成什么样的结果在很大程度上依赖于它的默认样式,因此描述性更强的提示语则更适合独特外观的物品。提示语也并不是越长越好,20~30 个单词即可。提示语要能体现创建物的主要概念。

(2)语法:机器人理解语法、句子结构或单词的方式和人类不同。使用更具体的同义词效果更好。比如形容珠宝作品,与其用"美丽",不如尝试"璀璨""闪烁"或"耀眼"。更精练的语言意味着每个词都要更准确。还可以使用逗号、括号和连字符来帮助组织语言,但 Midjourney Bot 不一定能完全理解它们。

(3) 使用集合名词：尝试使用准确的数字，如"3只猫"比"猫"更具体。集合名词也有效，如"鸟群"。

(4) 专注于想要的：尽可能丰富地描述设计理念（具体地描述或模糊地描述都可以），任何遗漏的内容 AI 都会进行随机补充。含糊不清的表达是获得多样性图片的好方法，但可能得不到想要的具体细节。设计师最好描述想要什么，而不是描述不想要什么。在这之前尽量弄清楚重要的背景或细节。对于珠宝首饰设计，以下内容是需要我们认真描述的（表3-1）。

表3-1 Midjourney 珠宝设计基础关键词

| 内容 | 词汇 |
| --- | --- |
| 主题 | 戒指、吊坠、项链、胸针、耳环、手链、手镯等 |
| 材质 | 宝石、铜、银、18K 金、足金、不锈钢、木头等 |
| 工艺 | 花丝镶嵌、雕刻、铸造、镂空、缠绕、手工等 |
| 形式 | 照片、设计图、草图、佩戴图等 |
| 环境 | 室内、室外、水下、工作室、车间等 |
| 颜色 | 鲜艳、柔和、明亮、单色、多彩、黑白、柔和等 |
| 情绪 | 沉稳、平静、喧闹、精力充沛等 |
| 元素 | 花、鸟、兽、中国元素等 |

使用软件时还涉及图片比例、权重、起始值（seed 值）等指令的配合，这里就需要使用者进行深度学习（图3-24）。

图3-24 Midjourney 提示词规则

## 2. 图生文

图生文是通过图片得到提示文字的一个过程。通过传送图片给 Midjourney Bot,让它描述图片的相关信息,获取关键词。一般每张图片 Midjourney 都会生成 4 组不同的关键词,方便用户学习和理解 AI 语言的表达。对于一些新手设计师,由 Midjourney 生成的文字内容也可以成为他们的设计补充说明。图生文的具体过程如下。

(1) 选取一张满意的设计图作为设计原图(图 3-25)。

(2) 在对话框输入"/describe"调出输入图生文的对话框(图 3-26),上传设计原图。

(3) 根据输入图片,Midjourney 生成描述(图 3-27)。一般会有 4 段不同的文字描述来解析一张图片。

图 3-25 设计原图

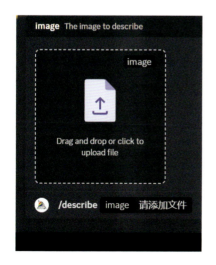

图 3-26 图生文对话框

图 3-27 Midjourney 识别图片生成的文字描述

(4) 点击4段描述前面的序号可以直接生成图片(图3-28、图3-29)。

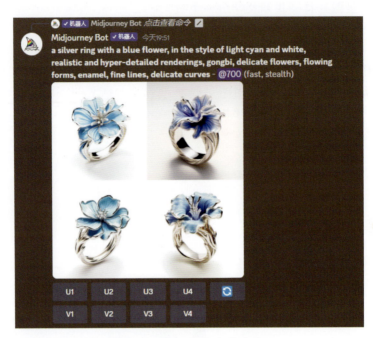

图3-28 描述语直接生图

图3-29 图生文生成的系列产品

## 3. 图生图

图生图也叫垫图。通过给 Midjourney Bot 传输图片，使 Midjourney 学习图片的风格、色调、内容，再加上文字的描述，从而得到一系列相关的图片。这对于我们做同系列的产品有很大的帮助。

图片可以作为提示的一部分来影响作品的构图、风格和颜色。图片提示可以单独使用，也可以与文本提示一起使用。尝试将不同风格的图片组合起来，以获得最令人满意的结果。

图生图过程中在输入提示时（图3-30），图像 URL 必须是在线图像的直接链接，链接网址应以". png"". gif"". webp"". jpg"或". jpeg"结尾。

图3-30　图生图提示词的顺序

同样，我们还可以提供多张图片以创造图片融合的效果。只要在对话框内输入"/blend"的指令就会跳出融图对话框（图3-31）。

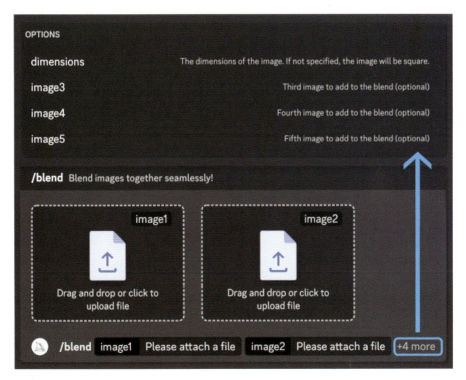

图3-31　Midjourney 融图对话框

融合 statue（雕像）和 flowers（鲜花）的图可以生成雕像在花丛中的效果（图 3-32）。

图 3-32　融图效果 1

融合 statue 和 jellyfish(水母)的图可以生成雕像佩戴水母饰品的效果(图 3-33)。

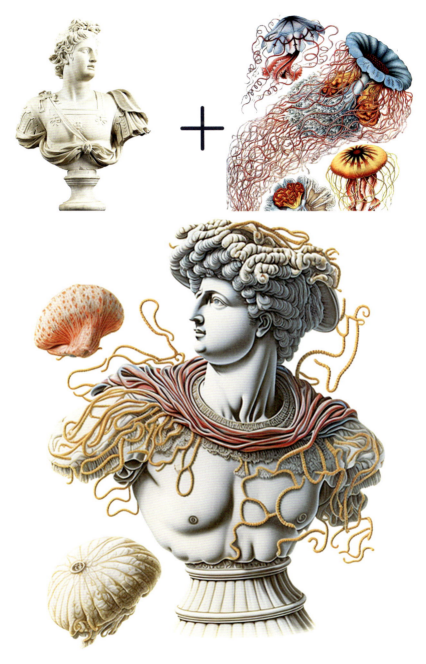

图 3-33 融图效果 2

针对不同风格的设计图稿,Midjourney 会给出多种样式。在进行珠宝设计时,它可以生成手绘效果图(图 3-34)或者逼真的写实效果图(图 3-35)。

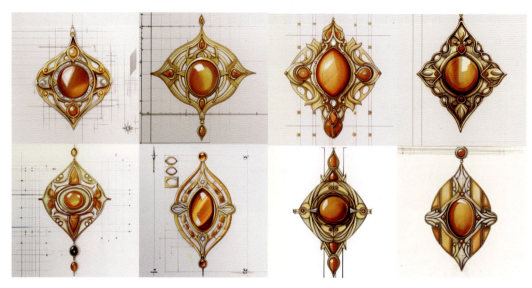

图 3-34 手绘效果

图 3-35 写实效果

## 第三节　Stable Diffusion

Stable Diffusion(SD)是 2022 年发布的深度学习文本的图像生成模型,它是一种基于扩散过程的图像生成模型,可以生成高质量、高分辨率的图像。它通过模拟扩散过程,将噪声图像逐渐转化为目标图像。这种模型具有较强的稳定性和可控性,可以生成具有多样化效果和良好视觉效果的图像。

SD 的源代码和模型权重已分别公开发布在 GitHub 和 Hugging Face 上，可以在大多数配备有适度 GPU（图形处理器）的电脑上运行。它是一个完全开源的软件，目前国内用户也可以使用相对稳定的汉化版（图 3-36）。

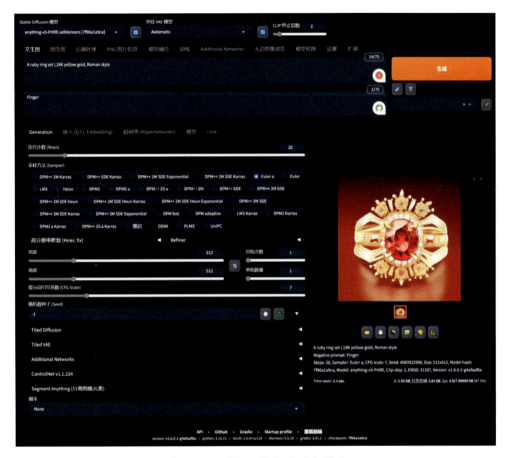

图 3-36　SD 汉化版的用户界面

SD 主要借助计算自身的显卡算力出图，因此安装和使用都是免费的，同样也可以在完全脱机的状态下私密绘图。它是依托用户自身计算机的性能工作的，所以在绘图上，对于图片的题材、内容或是关键词的语法、词汇通通没有限制。

SD 可以通过生成多样化、高质量的图像，修复损坏的图像，提高图像的分辨率和应用特定风格到图像上等方式，辅助视觉创意的实现。它为视觉艺术家、设计师等提供了更多的创作工具和素材，促进视觉艺术领域的创新和发展。

SD 的模型主要分为两类：一种是 Checkpoint，另一种是 LoRA。目前 SD 上采用的模型多为 AI 爱好人士自己训练的模型（图 3-37）。

Checkpoint 预训练大模型是根据特定风格训练的大模型，模型风格强大，但占内存也较大，一般为 5~7GB；模型训练难度大，需要极高的显卡算力。目前网上已经有非常多的不同风格的成熟大模型可供下载使用（图 3-38）。

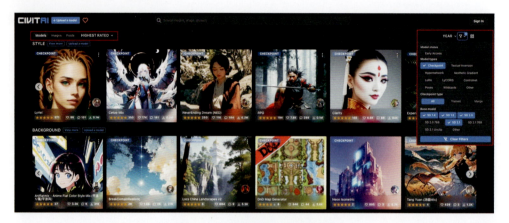

图 3-37　SD 部分开源模型

　　LoRA 微调模型是通过截取大模型的某一特定部分生成的小模型，虽然不如大模型的能力完整，但短小精悍。因为训练方向明确，所以在生成特定内容的情况下，效果会更好。LoRA 模型也常用于训练自有风格模型，具有训练速度快、模型大小适中、配置要求低（8G 显存）等特点，只需少量图片就能训练出风格效果。

　　SD 的基础功能和 Midjourney 相似，针对各种创意出图都有比较明显的风格，但是 SD 有更好的可控性。它除了能满足创意出图的需求之外，在完善设计方面也有很出色的表现。我们可以用图生图（图 3-39）的方式为设计线稿添加材质，获得接近实物的产品效果（图 3-40）。

图 3-38　SD 大模型的使用

图 3-39　SD 图生图界面

图 3-40　SD 图生图为线稿填充材质

## 第四节　Luma AI Genie

除了文生文、文生图,以及文字生成声音外,AI 技术还可以用文字生成 3D 模型。Luma AI 所推出的 Genie(图 3-41)的文字转 3D 模型功能实现了模型界的突破。3D 建模 AI 的用途广泛且多样:在游戏行业,它可以快速生成复杂的环境和角色模型,缩短了开发周期;在建筑和城市规划领域,通过 AI 辅助设计可以模拟未来的建筑项目,为客户提供直观的效果图;在医疗行业,3D 建模 AI 能够帮助医生构建精确的人体器官模型,用于手术规划和教育培训;此外,它还被应用于电影制作、历史遗迹复原、在线零售等多个领域。

3D 建模 AI 是指利用人工智能算法来自动或半自动地创建和管理 3D 模型的技术。不同于传统的手动建模方法,3D 建模 AI 通过学习大量的数据样本,可以快速生成高质量的 3D 模型,极大地提高了建模效率和准确性。

在技术上,3D 建模 AI 通常依赖于深度学习,尤其是卷积神经网络(CNN)和生成对抗网络(GAN)。卷积神经网络能够有效识别图像中的模式,并在此基础上进行特征提取;而生成对抗网络则由两个网络组成,即一个生成器和一个判别器,它们相互竞争以提高输出模型的质量(图 3-42)。此外,循环神经网络(RNN)和强化学习等技术也在一些特定应用中发挥作用。

图 3-41　Luma AI Genie 的界面

图 3-42　AI 建模的技术解析

与传统 3D 建模相比,3D 建模 AI 的优势在于高效率和易上手。然而,它可能在创意表达和细节处理上不如经验丰富的设计师。如果将 3D 建模比作绘画,传统方法就像手工绘制,注重艺术家的个人风格和技巧;而 AI 建模则像使用模板或滤镜,虽然快速方便,但可能缺乏个性。对于复杂的珠宝模型,AI 建模更多的是对凹凸纹理的一些细节体现,但是对于工艺技术层面的理解还是很欠缺的,需要后期的珠宝首饰设计师手动建模。

但是 3D 建模 AI 的出现依然可以解放很多设计师,使他们可以从复杂的建模工作中脱离出来,从而把更多的精力放在设计本身。

下面通过一枚简单戒指的案例来了解 AI 建模的具体方法。

(1)进入 lumalabs.ai 网页,使用 Google 账号登录之后,输入英文模型描述或提示词:A silver ring with a vintage pattern set with red gemstones(一枚镶有红色宝石的老式图案银戒指)(图 3-43)。

(2)很快它就会生成 4 个较为粗糙的模型让我们查看(图 3-44)。若得到的粗模并不理想,可以点击下方的"Retry"重新生成新的粗模。如果这里面有较为满意的模型,可点击模型浏览页面。

(3)用鼠标点击合适的模型就可以得到一个深入刻画的界面(图 3-45)。

图3-43 输入提示语

图3-44 4个粗糙的模型

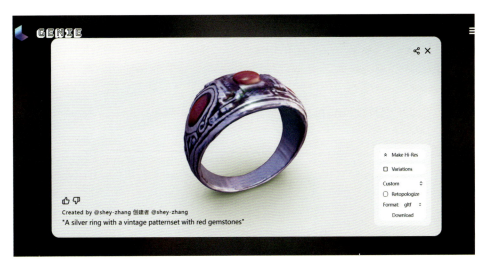

图3-45 深入刻画的界面

(4)点击图3-45页面右侧的"Make Hi-Res"按钮,让它以选定的模型为基准,再生成一个精度较高的模型。生成高精度的模型可能要等待几分钟(图3-46)。

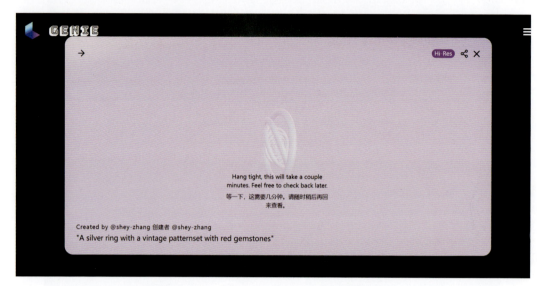

图3-46　生成高精度模型的等待界面

在Creations分页里面可以找到生成过的模型,以及查看目前Hi-Res的进度(图3-47)。如果是已经Hi-Res过的模型,可以看到它的上方有一个标记,同时在Creation页面的最上方也有一个切换按钮,可以让这个页面只显示Hi-Res模型。在模型浏览视窗的部分,能够在里面旋转查看生成的模型。

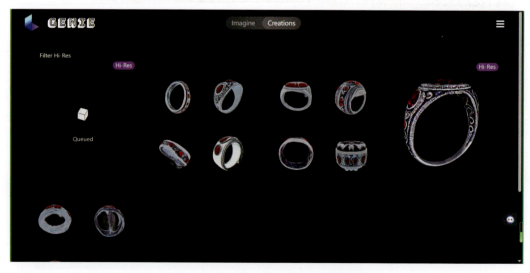

图3-47　Creations分页里的资料

（5）在所选模型页面的右侧可以简单地调整一下它的材质再输出模型。在输出模型时，它可以使用的格式也非常丰富。在 Custom 栏可以找到常见的会用到的 3D 模型软件的名称，如 Blender、3ds Max、Unity 等（图 3-48），点击对应的名称即可输出相应格式的文件。

图 3-48　多种输出格式

设计师可以按需求下载生成的模型并将它导入到自己的建模软件中，如 ZBrush（图 3-49）、Rhino（图 3-50），再进入建模软件进行更深入的修改和刻画。

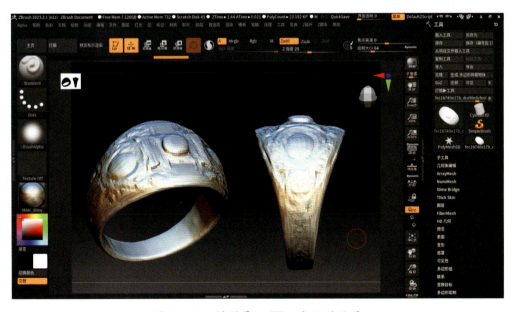

图 3-49　模型导入 ZBrush 里的效果

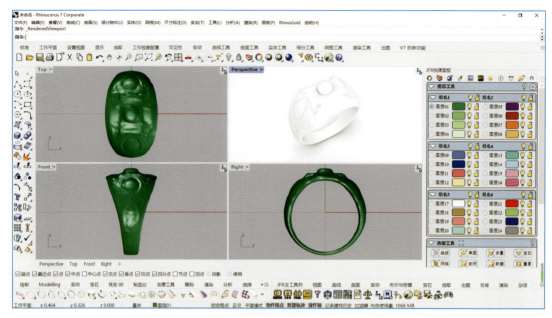

图 3-50 模型导入 Rhino 的效果

需要注意的是，AI 建模目前只能针对粗模进行简单勾勒，它的细节和材质都是以贴图的方式展现的，如果想要获得可以生产的细节，则需要后期建模师的深入刻画。不过在 AI 技术的发展和算力的增长下，相信未来的 AI 建模效果一定是令人惊叹的。

# 第四章 平面设计软件

## 第一节 Adobe Photoshop

Adobe Photoshop（图4-1），简称"Ps"，是由Adobe系统公司开发和发行的图像处理软件。经过30多年的市场耕耘，Ps对于设计领域的人来说并不陌生。它被广泛用于照片修饰、创意设计、网络设计以及电影特效制作等领域。对于专业的设计师和摄影师来说，这是一款强大的必备工具。

Ps提供了一套全面的工具集，允许用户对图像进行广泛的调整和编辑，具体包括裁剪、旋转、色彩和亮度调整，以及更深入

图4-1　Ps图标

的图像操作，例如滤镜应用、图层编辑、批处理和高级创意效果等。此外，Ps还提供给设计师一套强大的画笔工具，可以绘制各种形状和设计元素。珠宝设计师使用数位板可以直接在Ps里绘制草图，同时软件里的宝石、金属、链条、配件等资源也很丰富，为绘制设计图提供了很大的便利。

在使用Ps时，我们可以看到它有大面积的绘图区域（图4-2），绘图区域之外的界面主要包括以下几个部分。

（1）菜单栏：位于窗口的顶部，包括"文件""编辑""图像""图层""选择""滤镜""3D""视图"等常用的选项。用户可以从这里进入大部分的功能区。

（2）工具栏：默认情况下位于界面的左侧。这里有各种绘图和编辑工具，如移动工具、裁剪工具、画笔工具、橡皮擦工具、文本工具等。在选择完相应的工具后，工具选项栏就会出现相应的工具属性，方便调节。

（3）面板（属性）：根据所选工具或功能的不同，此面板会显示相关的属性设置。例如，当选择画笔工具时，此面板会显示与画笔大小、硬度、透明度等有关的设置。

（4）面板（图层）：默认情况下位于界面的右下方。这是管理和编辑多个图层的地方，用户可以在这里创建、删除、组合图层和调整图层的顺序。

（5）面板（调整）：也位于界面的右侧，提供了各种图像调整工具，如亮度/对比度、色彩平衡、色调/饱和度等。

图 4-2 Ps 的界面布局

(6)文档窗口:允许用户查看并绘制图案,并使用工具对图案进行编辑。
(7)选项卡:显示当前选中工具的相关选项。
(8)状态栏:显示当前选中文件的尺寸和内存使用率。
(9)标题栏:显示图件文件的名称。

此外,Ps 还针对不同工作性质有专门的模式(图 4-3),除了能编辑图片外,还增加了绘制 3D 纹理的功能。

图 4-3 Ps 的各种模式

随着版本的更新，Adobe 系统公司也在不断为 Ps 增加新功能和工具。目前 Ps 开始结合 AI 工具，可以用文字描述的方式对图片的局部细节进行修改，例如更换背景、调节尺寸、修改颜色这类以前需要使用者专门学习才能掌握的功能，现在都可以通过和 Ps 内置的 AI 机器人对话实现，大大减少了学习软件的时间，同时更好地满足了设计师的创作需求。

## 第二节　Procreate

Procreate 是一款专业级别的数字绘画软件，主要面向艺术家、插画家和设计师等创意人群。该软件可在 iPad 上运行，为用户提供了丰富的画笔和绘画工具，使他们能够在移动设备上进行高质量的数字绘画和创作（图 4-4）。

图 4-4　使用数控笔在 Procreate 里绘图

在使用 Procreate 进行珠宝设计时，有以下几个特点。

（1）画笔和绘画工具：Procreate 提供了多种画笔和绘画工具，包括铅笔、彩笔、油画笔等，用户可以根据需要选择不同的画笔和颜色进行自由创作。软件里也有很丰富的专业素材库，可以直接提取相应的珠宝配件进行绘制（图 4-5），节省设计出图时间。

（2）分层管理：Procreate 支持多层绘画，用户可以在不同的图层上进行绘画和编辑，方便后期的修改和调整。针对珠宝多材质、多颜色的特性有着很好的管理效果（图 4-6）。

（3）操作便捷：Procreate 内置多种快捷操作，如手势操作、自定义快捷键等，使用户能够更加高效地进行创作。

（4）支持高分辨率：Procreate 支持高分辨率绘画，最高可达 4K 分辨率，使用户能够在移动设备上进行高质量的数字绘画和设计。在 iPad 上使用 Procreate 时，若内存太小，在高分辨率的模式下图层会减少，同时对绘制的设计图也有一定的尺寸要求。

（5）导入和导出：Procreate 支持多种文件格式的导入和导出，例如 JPEG、PNG、PSD 等，方便用户将它与其他软件进行兼容。而且用户可以将作图步骤生成视频或动画,使自己的设计不仅可以展示结果,也可以展示过程。

总而言之,Procreate是一款功能强大、易于使用的数字绘画软件,适合艺术家、插画家和设计师等创意人群进行数字绘画和创作,也是数字化首饰设计里一款突破性的软件。

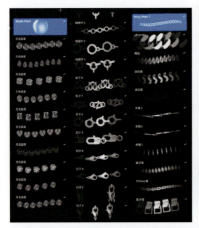

图4-5 部分珠宝配件

图4-6 Procreate的色彩功能

Procreate的界面设计简洁直观,提供了丰富的绘画工具和功能。该软件主要的界面元素如下(图4-7)。

(1)画布:位于屏幕中央,用于显示当前正在编辑的绘画作品。用户可以选择不同的画布尺寸和分辨率。

(2)工具栏:位于屏幕左上方,包含了各种操作,例如选取、缩放、调整等。用户可以通过选择使用不同的工具。

(3)颜色面板:点击屏幕右上角对应图标后会出现颜色面板,用于选择绘画的颜色。用户可以通过滑动调整颜色选择器来选择所需的颜色。

(4)图层面板:点击屏幕右上角对应图标后会出现图层面板,用于管理绘画作品的图层。用户可以添加、删除、重命名图层和调整图层的顺序。

(5)快捷栏:位于屏幕左边,包含了常用的功能按钮,例如撤销、重做、笔刷尺寸、笔刷强度等。用户可以通过点击这些按钮来执行相应的操作。

(6)快捷菜单:当用户在画布上使用3个指头向下滑动的手势操作时,会弹出一个快捷菜单,其中包含了常用的剪切、拷贝和选项,方便用户快速切换和调整。

(7)图库:点击屏幕左上角的图库图标,可回到最初的文件页面。

Procreate的界面简洁直观,使用户能够专注于创作,并提供了丰富的工具和功能,能满足各种创意需求。

下面分别通过1个蛋面宝石案例、1个刻面宝石案例和1个金属胸针案例(表4-1—表4-3)来学习Procreate的设计流程①。

---

① 3个案例由广州玩客态度珠宝首饰设计有限公司提供。

图 4-7 Procreate 的界面布局

表 4-1 蛋面宝石案例

| 步骤 | 图片 |
|---|---|
| (1) 用勾线工具画出主石的外轮廓,并保证勾的线封口 | 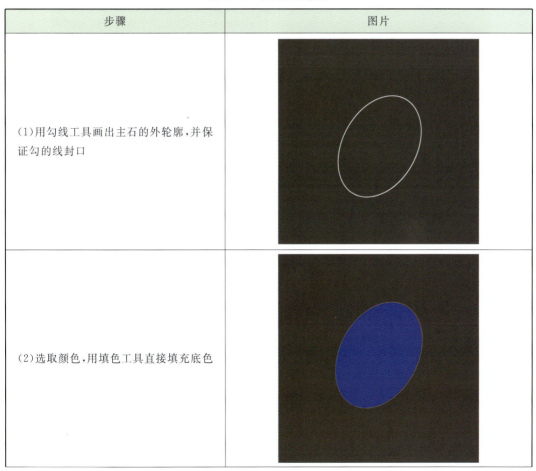 |
| (2) 选取颜色,用填色工具直接填充底色 | |

续表 4-1

| 步骤 | 图片 |
| --- | --- |
| (3)观察宝石,寻找合适的颜色,用较软的笔刷绘制内部反光区 | |
| (4)用白色添加高光和投影 | |
| (5)最后查看构图细节,调整宝石尺寸和角度,完成绘图 | |

表 4-2 刻面宝石案例

| 步骤 | 图片 |
| --- | --- |
| (1)用白色线条勾勒出宝石的刻面,注意外框和刻面棱分成两个图层 | |
| (2)选取颜色,填充内部底色 | |
| (3)画出暗部和亮部的区别 | |

续表 4-2

| 步骤 | 图片 |
|---|---|
| (4)增加细节 |  |
| (5)画出投影和高光,完成绘制 |  |

表 4-3　金属胸针案例

| 步骤 | 图片 |
|---|---|
| (1)勾出胸针的轮廓,并填充底色,注意线条和颜色的分层 |  |

续表 4-3

| 步骤 | 图片 |
| --- | --- |
| (2)简单区分金属和宝石的层次 | |
| (3)增加亮面,突出金属效果 | |
| (4)细致绘制金属和宝石的细节 | |

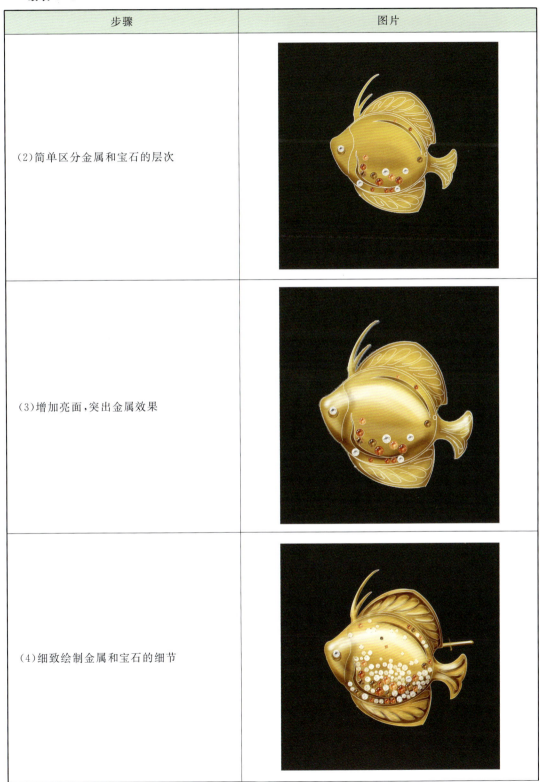

续表 4-3

| 步骤 | 图片 |
|---|---|
| (5)制作背景,完善整体效果 | 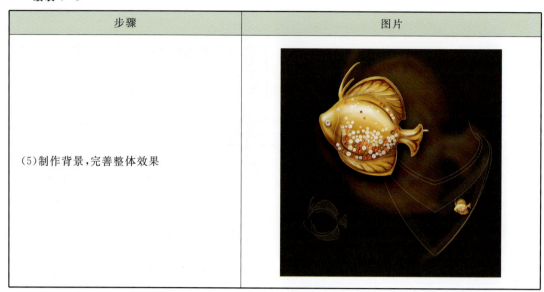 |

# 3D 设计软件

## 第一节　JewelCAD

　　JewelCAD 是 20 世纪 90 年代由香港珠宝电脑设计有限公司研发的一款专门针对珠宝首饰设计的计算机设计软件。它将 Curve 模型建构技术完整地引入 Windows 操作系统，易学易用，交互性强且建模方便。随着计算机辅助设计及制造技术、数字信息技术的不断升级，JewelCAD 及激光快速制版机出现，这也标志着珠宝首饰行业已进入全新的数字化时代。在基础的 AutoCAD 制图建模原理之上，JewelCAD 增加了为珠宝首饰设计服务的专项功能，因此，它在珠宝行业中一直有着较高的市场占有率。最近在 3D 打印快速模块成型技术的推动下，JewelCAD 经过不断地升级改进，由最初的只具有单一设计绘图功能拓展到服务于首饰的设计、珠宝首饰的生产加工等领域。在欧美及亚洲主要的珠宝首饰生产加工园区，它都是业界应用最为广泛的珠宝建模软件。熟练操作 JewelCAD 也成了电脑珠宝首饰设计师所需要具备的基本技能之一。

　　JewelCAD 以其高度专业化、高工作效率、简单易学的特点，经过三十余年的发展完善，在中国及亚洲其他珠宝首饰（生产中心）行业发达的地区被最广泛采用，是业界首选的 CAD（计算机辅助设计）/CAM（计算机辅助制造）软件。同时也是珠宝首饰工业进入全新数据化时代的标杆软件，对传统首饰设计制作工艺都有较深远的影响。如今很多后起的珠宝建模软件及插件，无不借鉴 JewelCAD 的建模思路及功能设置。它的特点如下。

　　(1) 学习方便，易于操作。只要具备基本电脑知识的人，几个星期内就能学会使用软件。

　　(2) 灵活的、高级的建模功能可用于创造和修改曲线和曲面，强大的建模功能可应用于更复杂的设计。

　　(3) 特别的功能可用于设计项链、扭曲曲面和设置石头。

　　(4) 简单而高效的功能可应用于自由状态曲面的布尔运算。

　　(5) 素材库丰富，包含了常见的宝石琢型以及金属配件，如不同形态的戒托、手链、手镯、项圈、耳钉等，使得设计的时间大大缩短，且方便设计师随时提取、更换部件，修改设计。用户也可以建立自己的资料库，使设计想法可视化，减少重复性工作，节省大量时间。

　　(6) 在设计中能很方便地计算金重，可以输出较为精准的产品重量信息，尽量减少误差，让设计图纸更清晰，数据更精确。

在操作时,双击  图标打开软件就可以看到图 5-1 所示的操作窗口。它延续了 Windows 7 中应用程序一贯的现代简洁的操作界面风格,各功能分区布局简单明了。

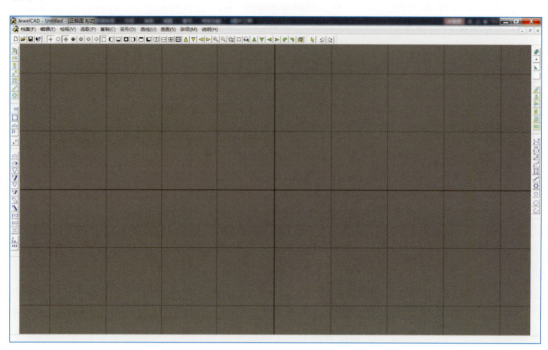

图 5-1　JewelCAD 操作界面

JewelCAD 操作界面并不复杂,寥寥几个工具就可以构建出各种复杂的珠宝。以下是这些工具的功能。

(1)标题栏:操作界面的最顶端就是标题栏(图 5-2)。在标题栏上可以看到程序的名称、当前操作文件的名称以及当前编辑的视窗状态。新创建的文件在被保存之前,显示的都是"Untilted"(未命名)文件,被保存之后,标题栏显示的就是该文件的名称。在标题栏右侧点击 ▬ 图标则可以将程序窗口最小化,点击 ▢ 图标则可以将程序窗口最大化,点击 ✕ 则可以关闭程序。

图 5-2　标题栏

(2)菜单栏:紧贴标题栏下方的就是菜单栏(图 5-3)。菜单栏包含 JewelCAD 程序文件编辑和建模、数控加工等所有操作命令,按其功能和编辑内容分为"档案""编辑""检视""选取""复制""变形""曲线""曲面""杂项""说明"10 个部分。在菜单栏的右侧会看到 3 个与标题栏右侧类似的操作按钮,它们控制的是当前正在编辑的文件。

图 5-3　菜单栏

打开任意菜单有两种方式：一种是将鼠标移到相应的菜单名称上，点击鼠标左键将其打开；另一种则是按住键盘上 Alt 键的同时，按住相应菜单旁标注的大写字母，相应菜单会自动弹出，例如同时按住 Alt 和 F 键，就可以打开"档案"菜单了。

（3）浮动工具栏：菜单栏下方以及窗口左右两侧的这些图标就是浮动工具栏了（图 5-4），它们对应的是菜单栏中各菜单中的一些操作命令。将鼠标放置在任意一个命令图标上不动时，系统会自动显示该命令的名称。点击任意命令图标后，窗口底部的状态栏会出现对当前命令的解释。用鼠标按住任意浮动工具栏可以将它拖放到窗口中的任何位置以方便后期使用，拖出后的状态如图 5-5 所示。当不需要时可以用鼠标左键按住它，将它放回原位置，或者点击 图标将其关掉。

图 5-4　浮动工具栏　　　　图 5-5　拖出后的浮动工具列

（4）编辑视窗：整个操作界面中最大的区域是编辑视窗（图 5-6）。

图 5-6　编辑视窗

当打开软件后,系统默认显示的是正视图的视窗。视窗中有两条比较深色的垂直相交的直线,它们就是当前视窗的坐标轴:$X$ 轴、$Z$ 轴(在标题栏会有提示)。其余浅色相交的线条构成网格,是用来进行编辑度量的。

编辑视窗区域除了可显示单个编辑视窗,也可以进行多视窗操作(图 5-7)。

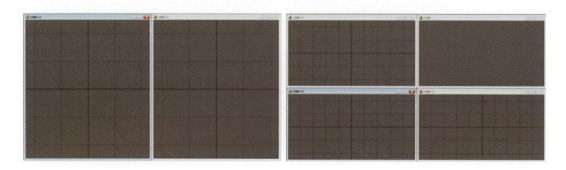

图 5-7 双视窗和四视窗

(5)状态栏:操作界面最底部的空白区域是状态栏。当视窗中无编辑对象且没有点击任何操作命令时,状态栏是空白的(图 5-8)。

图 5-8 空白的状态栏

当点击某一操作命令后,状态栏会出现对该命令的解释(图 5-9)。

选取实体…

图 5-9 点击"选取"命令后的状态栏

当在窗口中编辑曲线时,状态栏会提示当前编辑点的坐标位置(图 5-10)。

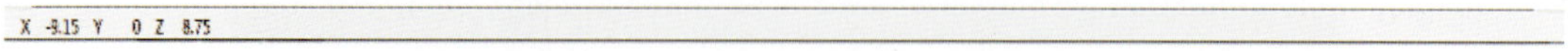

X -3.15  Y  0  Z  8.75

图 5-10 绘制曲线时的状态栏

总的来说,状态栏会显示编辑视窗中正在进行的命令及物体状态的信息。注意后期有些命令需要根据状态栏的提示进行操作。

下面通过一个简单的十字架吊坠的建模过程来学习如何使用 JewelCAD 来构建一件珠宝模型(表 5-1)。

表 5-1 十字架吊坠的建模过程

| 步骤 | 图片 |
| --- | --- |
| （1）在正视图上用"左右对称线"工具绘制两条十字架导轨线 | 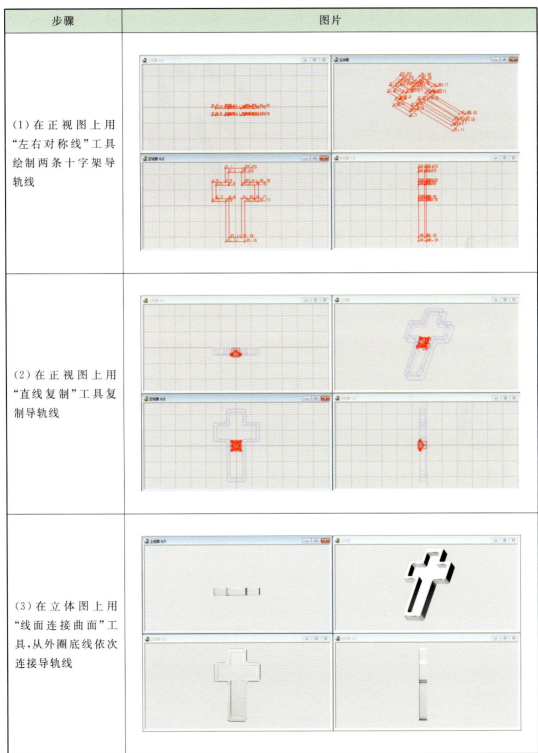 |
| （2）在正视图上用"直线复制"工具复制导轨线 | |
| （3）在立体图上用"线面连接曲面"工具，从外圈底线依次连接导轨线 | |

续表 5-1

| 步骤 | 图片 |
| --- | --- |
| (4) 在正视图上用"档案"的"资料库"调出爪镶钻石,立体图见右图 | |
| (5) 在正视图上用"直线复制"工具复制爪镶钻石 | |
| (6) 在正视图上用"上下复制"和"左右复制"工具复制爪镶钻石 | |
| (7) 在立体图上可查看四视图效果 | |

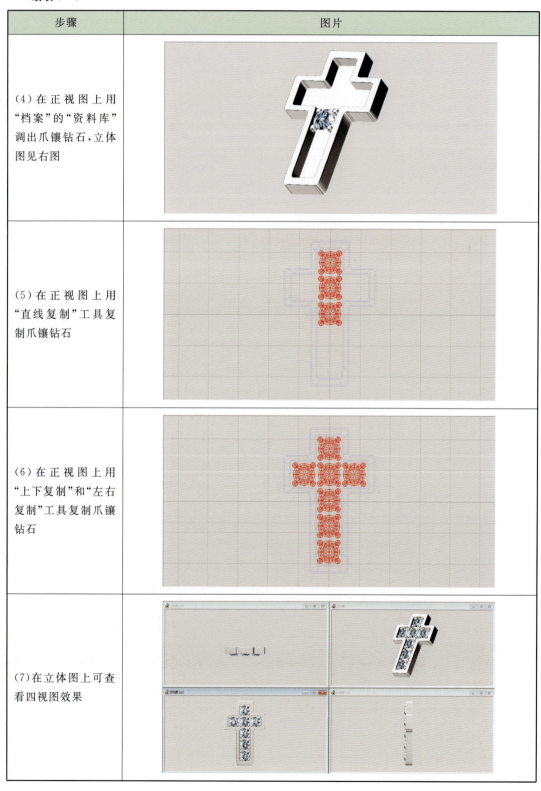

与市场上目前比较强大的3D建模软件,如Maya、Rhino、ZBrush等相比较,JewelCAD的缺点在于它的渲染效果平淡,动画效果及展示效果比较单一,制作难度较高或者复杂的图形时软件卡顿延迟问题严重。而且在输出需要精细加工的STL、OBJ等兼容格式的文件时,JewelCAD会出现布林体还原、细节丢失等严重问题。在如今的数智化生产中,JewelCAD已经出现了明显的兼容制约性。所以使用单一软件已经无法满足日新月异的珠宝首饰产品设计需求了。

## 第二节　Rhino

Rhino(图5-11)是一款强大的3D造型建模软件,由美国Robert McNeel公司于1998年推出。设计师借助Rhino可以建立、编辑、分析和转换NURBS曲线、曲面和实体,也可以进行多边形网格和点云建模,因此Rhino造型建模的手段非常自由。Rhinoceros(犀牛)的名称来源于该公司的一个动物园的开发项目,该项目都以可爱的动物命名软件,包括企鹅(penguin)、蚱蜢(grasshopper)等,在这个标准建模软件在开发完成后以rhinoceros来命名。

图5-11　Rhino图标

NURBS建模又称曲面建模,相对于MASH网格建模,是一种更优秀的建模方式,高级3D软件都支持这种建模方式。NURBS建模比传统的网格建模方式可以更好地控制物体表面的曲线度,从而能够创建出更逼真、生动的造型。NURBS模型非常适合后期有制造、生产、施工环节的设计项目,因此广泛应用于工业设计、珠宝设计、建筑设计、环境艺术等设计领域。

与大多数建模软件一样,打开Rhino软件后可以看到一个基础的四视图,在视窗周围有各种工具栏(图5-12)。这些区域功能各有不同。

(1)功能列表:执行指令、设定选项与开放说明。

(2)指令栏:列出提示、输入的指令,显示指令产生的资讯。

(3)历史指令视窗:显示最近500行的历史指令信息,按F2键可以开放独立的历史指令视窗。

(4)工具列表:一个工具列群组可以含有一个或一个以上的工具列,每个工具列上方有一个切换标签,浮动的工具列会自成一个群组。

(5)边栏:可以显示与点选的工具列标签相关的工具列。

(6)编辑区:显示开放的模型,可以使用数个作业视窗来显示模型。4个作业视窗(包括顶视图、前视图、右视图和侧视图)是预设的作业视窗配置。作业视窗:显示模型不同方向的视图,作业视窗里有格线、格线轴与世界坐标轴图示。

(7)状态栏:显示鼠标标记的坐标、模型的单位、目前的图层与一些设定的切换按钮。

(8)工具属性栏:有不同类型的设定,例如图层、物件内容、灯光、显示模式。

(9)插件工具栏:用来显示插件的工具列。

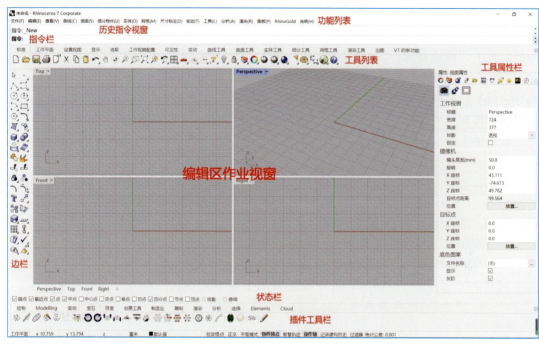

图 5-12　操作界面

在选取相应物件的时候，可以看到 Rhino 显示一个彩色的操作轴工具（图 5-13）。这个操作轴工具在诸多主流软件如 ZBrush、Maya 中都有相同的使用方法。它使物体的基本操作变得更加直观和简洁。

操作轴控件
① 轴面控制器
② 可自由移动的原点
③ 功能表位置

移动控制项
④ 移动 X 轴
⑤ 移动 Y 轴
⑥ 移动 Z 轴

旋转控制项
⑦ 旋转 X 轴
⑧ 旋转 Y 轴
⑨ 旋转 Z 轴

缩放控制项
⑩ 缩放 X 轴
⑪ 缩放 Y 轴
⑫ 缩放 Z 轴
⑬ 向 Z 轴挤出

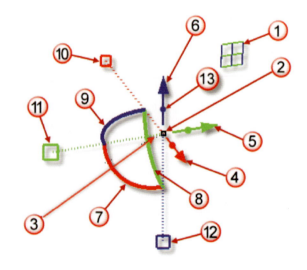

图 5-13　操作轴

操作方法如下：①拖拽箭头可以沿箭头方向移动物件；②拖拽田字格可以在对应的平面移动；③拖拽圆环弧线可以旋转，按住 Shift 约束（或取消约束）角度；④拖拽方块可以单轴缩放，按住 Shift 缩放整体；⑤按下 Alt 再拖动可以直接复制图形，拖动中松开 Alt 也可以取消复制，按下 Ctrl 拖拽或者旋转图标可变换操作轴本身的位置；⑥选中单独的面后按下 Ctrl 和 Shift 键拖动鼠标，可以挤出立体模型。按住鼠标左键不放并拖动，输入具体数字后回车，可以精准控制生成模型的大小角度或是缩放比例，在这个过程中鼠标只能控制方向。

点击操作轴的各种命令，输入数字后回车可以精确地控制移动、旋转或缩放比例的数值。

相比其他专业的 NURBS 软件（如 Alias），Rhino 难度小很多，初学者很容易上手，操作简便。Rhino 支持不同的软件操作形式，分别是指令别名、菜单命令、图标操作、鼠标中键（自定义 UI）、快捷键、巨集编辑、插件、脚本等。Rhino 支持多种平台，除了 Windows 系统，它还可以在 Mac OS X 系统中完美地运行。需要注意的是，Rhino 7 及以上版本已经不再支持 32 位系统，学习及使用 Rhino 时要注意版本及电脑的配置要求（图 5－14）。

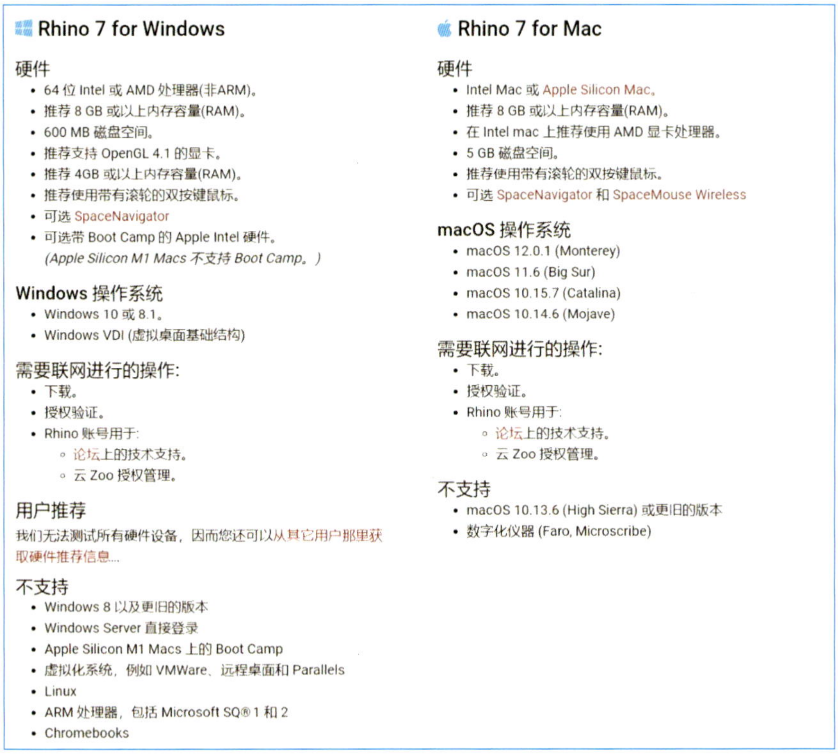
Rhino 7 for Windows

硬件
- 64 位 Intel 或 AMD 处理器(非ARM)。
- 推荐 8 GB 或以上内存容量(RAM)。
- 600 MB 磁盘空间。
- 推荐支持 OpenGL 4.1 的显卡。
- 推荐 4GB 或以上内存容量(RAM)。
- 推荐使用带有滚轮的双按键鼠标。
- 可选 SpaceNavigator
- 可选带 Boot Camp 的 Apple Intel 硬件。
  *(Apple Silicon M1 Macs 不支持 Boot Camp。)*

Windows 操作系统
- Windows 10 或 8.1。
- Windows VDI (虚拟桌面基础结构)

需要联网进行的操作:
- 下载。
- 授权验证。
- Rhino 账号用于:
  - 论坛上的技术支持。
  - 云 Zoo 授权管理。

用户推荐

我们无法测试所有硬件设备，因而您还可以从其它用户那里获取硬件推荐信息...

不支持
- Windows 8 以及更旧的版本
- Windows Server 直接登录
- Apple Silicon M1 Macs 上的 Boot Camp
- 虚拟化系统，例如 VMWare、远程桌面和 Parallels
- Linux
- ARM 处理器，包括 Microsoft SQ® 1 和 2
- Chromebooks

Rhino 7 for Mac

硬件
- Intel Mac 或 Apple Silicon Mac。
- 推荐 8 GB 或以上内存容量(RAM)。
- 在 Intel mac 上推荐使用 AMD 显卡处理器。
- 5 GB 磁盘空间。
- 推荐使用带有滚轮的双按键鼠标。
- 可选 SpaceNavigator 和 SpaceMouse Wireless

macOS 操作系统
- macOS 12.0.1 (Monterey)
- macOS 11.6 (Big Sur)
- macOS 10.15.7 (Catalina)
- macOS 10.14.6 (Mojave)

需要联网进行的操作:
- 下载。
- 授权验证。
- Rhino 账号用于:
  - 论坛上的技术支持。
  - 云 Zoo 授权管理。

不支持
- macOS 10.13.6 (High Sierra) 或更旧的版本
- 数字化仪器 (Faro, Microscribe)

图 5－14 Rhino 系统要求

Rhino 支持通过设置几何连续性的限制条件来辅助提高模型曲面质量，曲面建模质量高，几何连续性最高可以设定到 G4。Rhino 软件支持精确尺寸的建模，能直接生成生产图纸或后期导入 CAM 类的工程软件中进行编辑和加工，如 UG、SolidWorks、Pro/E。

Rhino 同时可以输出 40 多种文件格式(图 5-15),兼容广泛,可兼容市面上几乎所有的软件及打印机、数控机床等后加工设备。它所具备的优秀文件兼容性便于用户把 Rhino 生成的建模数据导入其他程序或从其他程序导入建模数据进行二次加工,同时也进一步拓宽了 Rhino 的应用领域。这也是该软件能在珠宝行业兴起的原因之一。

图 5-15　Rhino 兼容的文件格式

同时众多的插件支持,使 Rhino 具有跨行业优势(图 5-16)。它采用灵活的插件设计机制,支持众多的行业插件,能大大提高设计效率。比较有代表性的插件有 V-Ray、Maxwell Render、KeyShot 等渲染插件,动画插件 Bongo,珠宝首饰设计插件 RhinoGold、零犀 JFR 插件,船舶设计插件 RhinoMarine,鞋类设计插件 RhinoShoe,景观设计插件 Lands Design 等。相对于单一学习某个行业软件,学习 Rhino 的软件基础可以增强建模意识,并可以将它广泛应用于在各行业。

插件是用来扩展 Rhino 功能的程序,主要类型如下。

(1)内建插件:随 Rhino 一起发布和安装。其中一些插件已载入,如 Rhino Render、Render Development Kit、Rhino Toolbars、Menus 和 BoxEdit 等;还有一部分插件已安装但未载入,这些插件大多数都是导入、导出插件,它们通常都是可以启用的,并且在第一次使用时会被加载。McNeel 厂家的所有插件包括 Flamingo nXt、Penguin、Brazil(渲染插件)和 Bongo(动画插件)都是可以直接购买并使用的。

(2)第三方插件:是由第三方开发人员开发的应用程序和公用工具,一部分是免费的,但大多数是要付费购买的。其中一些程序是与 Rhino 一起工作的独立应用程序,不是通常意义的插件。

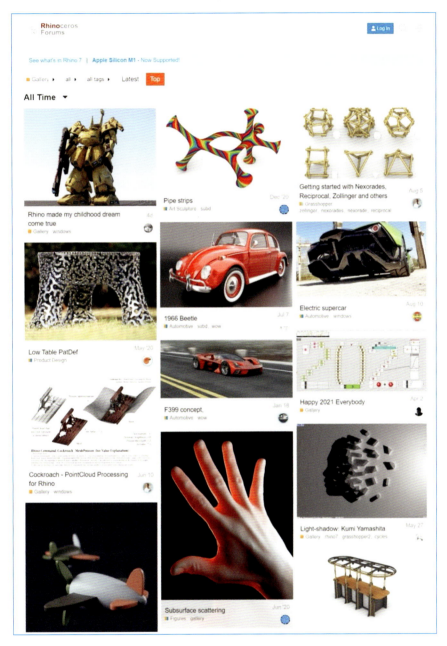

图 5-16　各行业用 Rhino 构建的模型

总的来说，它们为 Rhino 添加了一些特定的功能。例如，RhinoCam 是一个 CAM 程序，V-Ray 是一个渲染程序，RhinoGold 是一个珠宝设计插件，VisualARQ 是用于构建建筑模型的插件等。这些都是由特定行业的专家开发出来的。

下面简单介绍几个相关的插件。首先内置的 Grasshopper 参数化设计平台（图 5-17）。Grasshopper 是一款基于 Rhino 的可视化、节点参数化编程软件。从 Rhino V6 版本开始，Grasshopper 参数化设计插件已经作为它的内置功能。Grasshopper 是一款神奇的软件，极大地拓展了 Rhino 的功能边界。在 Grasshopper 中又衍生出了众多的 Grasshopper 插件,它是数据可视化设计方向的主流软件之一,同时与交互设计也有重叠的区域,很多交互设计师、建筑设计师都使用 Grasshopper 设计制作产品交互原型。

在珠宝设计方面,Grasshopper 的强大参数化功能对于编织、花丝、肌理、镂空、排石等密集表面的图形操作有着很好的兼容性,越来越多的设计师开始尝试用 Grasshopper 完成复杂的产品结构。

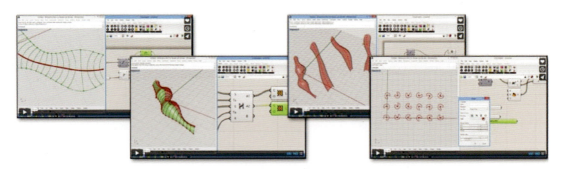

图 5-17　内置的 Grasshopper 插件

第三方插件 RhinoGold 是一款非常强大并且深受用户喜爱的珠宝设计制作软件,它提供了最先进的工具以帮助大家快速进行珠宝设计。使用 RhinoGold 可以让珠宝设计师和制造商快速、精确、充分地修改和制造珠宝,既简化步骤又减少了学习时间,最大幅度地提升了工作效率。

图 5-18 是 RhinoGold 作为软件单独打开的效果,基本界面与原生 Rhino 的大体一致,不同的是它增加了相关的珠宝工具、宝石素材、渲染材质等。

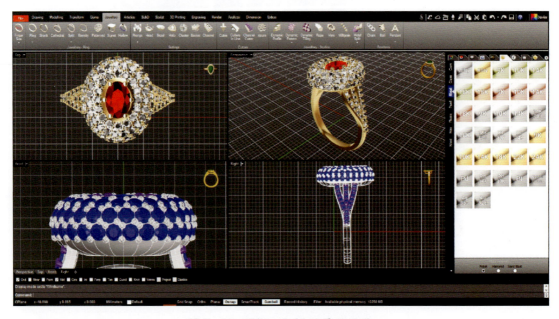

图 5-18　RhinoGold 的界面效果

如果安装了 RhinoGold 插件作为 Rhino 的挂载插件，基本就不需要再安装别的外接渲染器了，因为 RhinoGold 插件已经包括实时渲染器，与第三方渲染器兼容，如 Flamingo、V-Ray、Brazil 等。RhinoGold 在 Rhino 的基础功能上增加了珠宝行业专用工具以提升生产效率及完成自动化重复任务（图 5-19）。

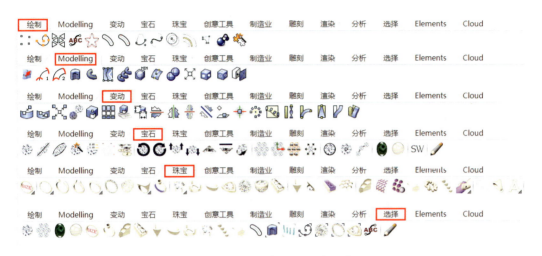

图 5-19  RhinoGold 在 Rhino 中的部分功能

相对 JewelCAD 的简单戒圈资料库，RhinoGold 的戒指制造商（图 5-20）工具内部戒圈素材的造型更专业、质量更好。里面有分体戒圈、大教堂戒指、旁路戒指、交叉戒指、印章戒指、永恒戒指及很多易于使用的戒指供修改、使用。

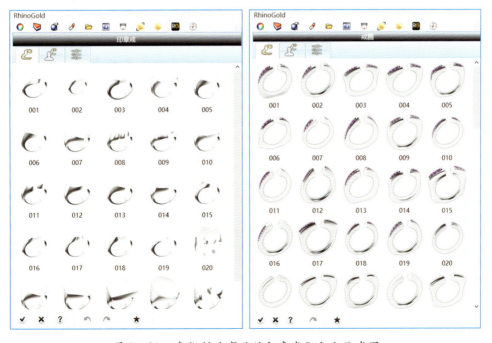

图 5-20  戒指制造商里的印章戒指和分体戒圈

镶嵌工具库(图5-21)中有多种宝石工具可用于创建的宝石镶嵌结构,如头部、表圈、爪子、光环、包圈镶、卡洛特宝石、微型镶嵌等。有了镶嵌工具库,设计师调节相应的参数就可获得精密的宝石镶嵌结构,从而为设计增彩。

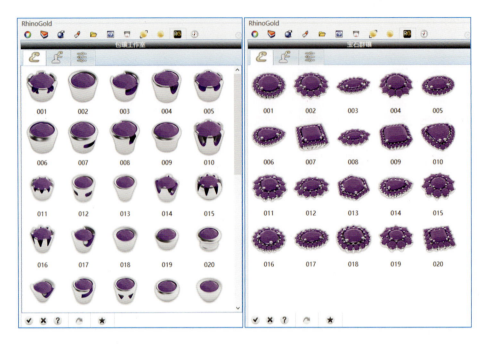

图5-21 镶嵌工具库

RhinoGold的渲染集成是通过光线追踪显示模式实现的,并且针对珠宝进行了优化,在各色宝石、各类金属的表现上都比较写实(图5-22),用户不需要通过长时间专业的渲染学习就可以轻松使用它。渲染过程的算力可通过CPU和显卡获得,从而更能确保计算机具有最佳性能。

和RhinoGold一样在珠宝行业应用较广泛的插件还有Matrix(图5-23),它是一款由美国Gemvision公司在Rhino软件系统架构上开发的专门用于珠宝设计的CAD软件。它提供了一套全面的工具和功能,可以帮助珠宝设计师完成从概念设计到制造全过程的工作,并对产品进行渲染和可视化。它还包含一些珠宝行业特定的功能,如石头设置、重量评估等。同时它也可以独立窗口单独运行。

它的主要特性可以归纳为以下几点。

(1)强大的建模能力:Matrix的工具丰富、功能全面,可以帮助用户进行复杂的珠宝设计。这些工具包括曲线绘制、曲面建模、实体建模、布尔运算等。

(2)参数化设计:Matrix支持参数化设计,也就是说,用户可以设置和修改设计的参数,如尺寸、形状、位置等,以快速创建和修改设计。

(3)珠宝特化工具:Matrix提供了一套专门针对珠宝设计的工具,如宝石设置、环带设计、链条设计等。这些工具可以帮助用户更方便地进行珠宝设计。

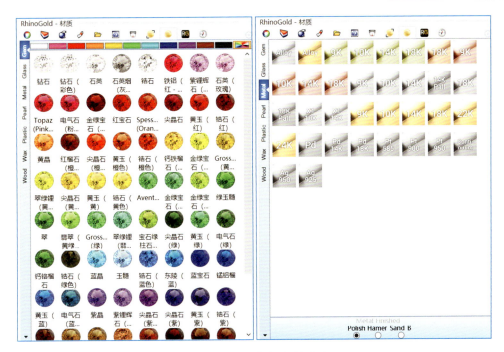

图 5-22　渲染部分材质库

图 5-23　Matrix 9.0

（4）渲染和动画：Matrix 内置强大的渲染引擎，可以创建逼真的珠宝渲染图。此外，Matrix 还支持动画制作，用户可以创建旋转展示、爆炸视图等动画。

（5）与制造集成：Matrix 可以输出标准的 STL 文件，这些文件可以直接用于 3D 打印或 CNC 加工，以实现珠宝的实体制造。

（6）与其他软件集成：Matrix 是基于 Rhino 3D 平台开发的，因此，它可以与 Rhino 以及其他许多 CAD 和 CAM 软件集成。

总的来说，它的功能和 RhinoGold 类似。但是它的操作架构大部分情况会脱离原生 Rhino 界面，所以稳定性相对较差。虽然对于镶嵌排石的功能来说 Matrix 更专业，但是软件内自带的参数往往不符合生产要求，建模师使用时依然要靠自身的生产经验更改相应的有效参数才能满足产品的实际生产要求（图 5-24）。

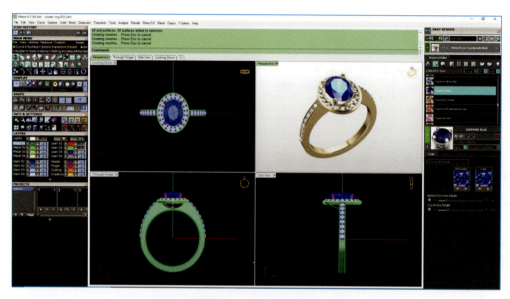

图 5-24　Matrix 界面

国内近年来也有一款很专业的 Rhino 珠宝插件——零犀 JFR 珠宝插件（图 5-25）。它可以帮助珠宝设计师快速、高效、精确地进行珠宝建模和渲染。这款珠宝插件融合了

图 5-25　零犀 JFR 插件工具列

JewelCAD 快捷建模的体系、Grasshopper 的参数化和批量化生产等优势,让 Rhino 的使用更适用于珠宝生产,也让 JewelCAD 用户学习 Rhino 软件的时间成本大幅度降低。

零犀 JFR 插件提供了丰富的珠宝元素库,包括钻石、宝石、镶口、纹样、链条等,供设计师直接使用或进行自定义修改;它支持参数化建模,可以通过调整参数来实现不同的设计效果,而不需要重复建模;它还有很多其他实用的功能,如开虎爪、排钉、编织款、画镶口等,让珠宝设计更加轻松和专业;它让 KeyShot、ZBrush、JewelCAD 等软件之间实现了一键互导的功能(图 5-26),这样可以提高设计师在不同软件中交互式建模的工作效率。

零犀 JFR 插件把参数化复杂的原理模块化(图 5-27)。Grasshopper 是一个参数化建模软件,它很大的价值在于它是以自己独特的方式完整记录起始模型(一个点或一个盒子)和最终模型的建模过程,从而达到通过简单改变起始模型或相关变量就能改变模型最终形态的效果。当方案逻辑与建模过程联系起来时,Grasshopper 可以通过调整参数直接改变模型形态。

图 5-26　插件互导功能

图 5-27　插件模块化功能列表

更通俗的理解是,比如我们按照某个方案连接了一些模组后,可以将它们存储起来,下次遇到类似的款式可以直接调用它。这让 Grassshopper 的简单化操作更加简单。例如图 5-28 的编织纹效果,如果要用传统的点线面的方式来构建,需要高超的建模技术,同时要耗费大量的时间,后期如果修改它也是极为复杂的。若使用零犀 JFR,则只需要在它的电池盒内一键调出编织电池(图 5-29),仅在电池顶端物件处添加外轮廓即可快速获得需要的效果。

图 5-28 参数化编织效果图

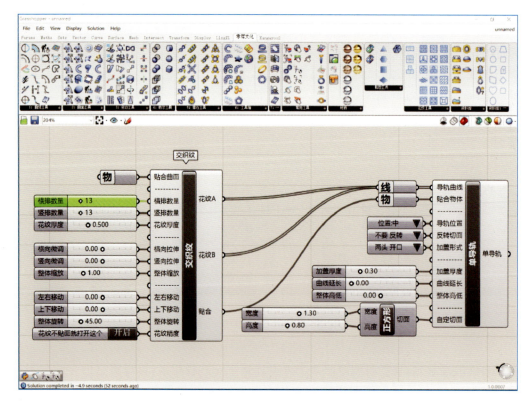

图 5-29 编织效果对应的电池组

这里我们用一个精美的镂空蝴蝶吊坠(图 5-30)作为建模对象来展示如何利用 Rhino 的 NURBS 建模流程来构建珠宝产品(表 5-2)。

3D设计软件　第五章

图 5-30　镂空蝴蝶吊坠

表 5-2　镂空蝴蝶建模过程①

| 步骤 | 图片 |
| --- | --- |
| （1）在顶视图上用 曲线工具画出一半的蝴蝶外形 | 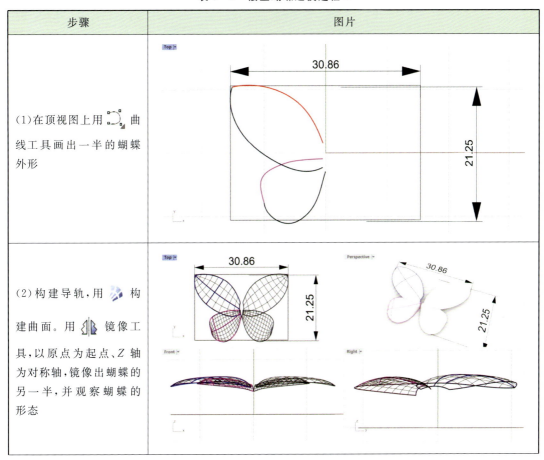 |
| （2）构建导轨，用 构建曲面。用 镜像工具，以原点为起点、Z 轴为对称轴，镜像出蝴蝶的另一半，并观察蝴蝶的形态 | |

①案例由广州玩客态度珠宝首饰设计有限公司提供。

续表 5-2

| 步骤 | 图片 |
|---|---|
| （3）在顶视图里绘制蝴蝶翅膀外轮廓，并用  工具找两条线的中线 | |
| （4）在顶视图上用 投影曲线工具，把线条投影在翅膀的曲面上 | |
| （5）删除所有线条，用 完成曲面的构建 | |

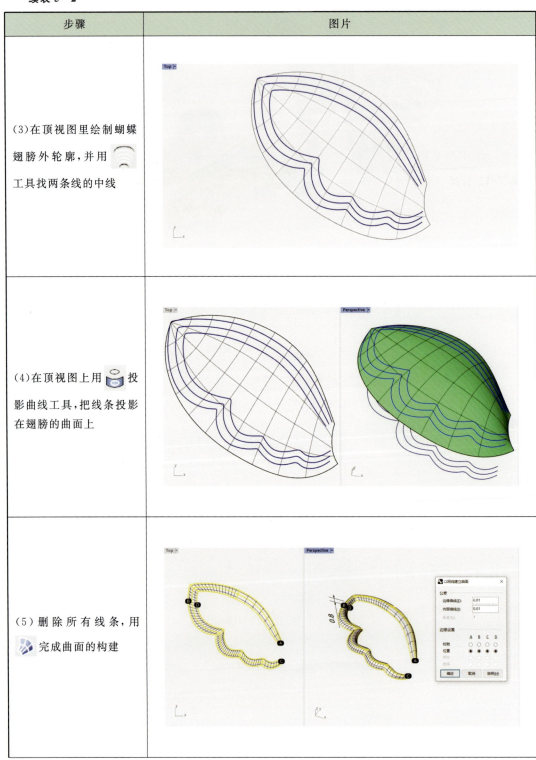

续表 5-2

| 步骤 | 图片 |
|---|---|
| (6)选取曲面的外边缘线,用 ▯ 直线挤出工具向下挤出直面 | |
| (7)构建平面,使面到蝴蝶翅膀最高点的厚度为 2.5mm,用此平面修剪掉步骤(6)挤出的多余平面 | |
| (8)使用双轨扫掠工具完成其他面的放样 | |

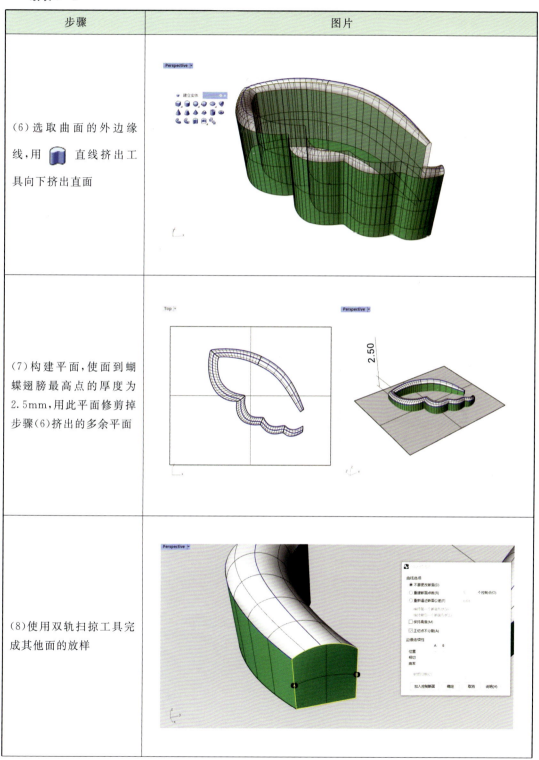

续表 5-2

| 步骤 | 图片 |
| --- | --- |
| (9)合并各个面,使之形成封闭的实体 | |
| (10)绘制蝴蝶翅膀经络部分的结构线,并投射到翅膀曲面上 | |
| (11)重复步骤(7)—(10)的作图思路,完成经络结构的修剪 | |

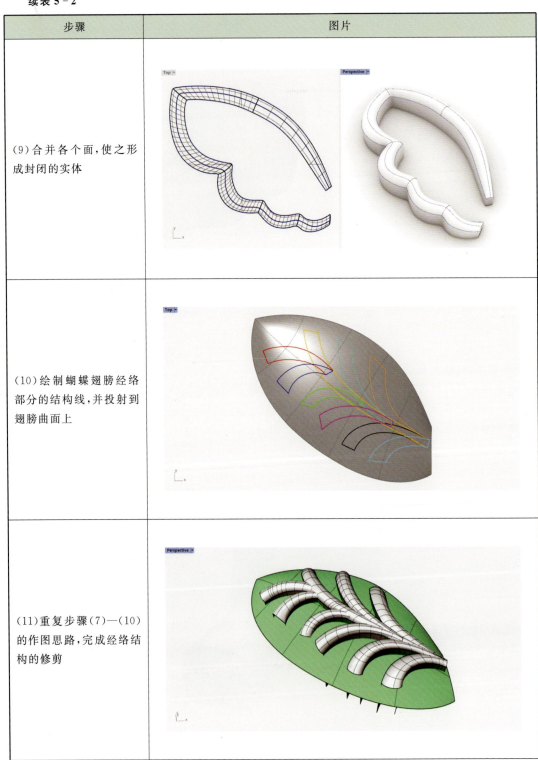

续表 5-2

| 步骤 | 图片 |
|---|---|
| (12)合并各个面,使之形成封闭的实体 | |
| (13)调整经络和翅膀外框的高低结构,使外框最少高出经络结构 0.5mm,造型更有层次感 | |
| (14)用同样的方法完成蝴蝶下部分的实体绘制 | |
| (15)镜像复制相关实体,并隐藏线条和开放曲面,完成绘制 | |

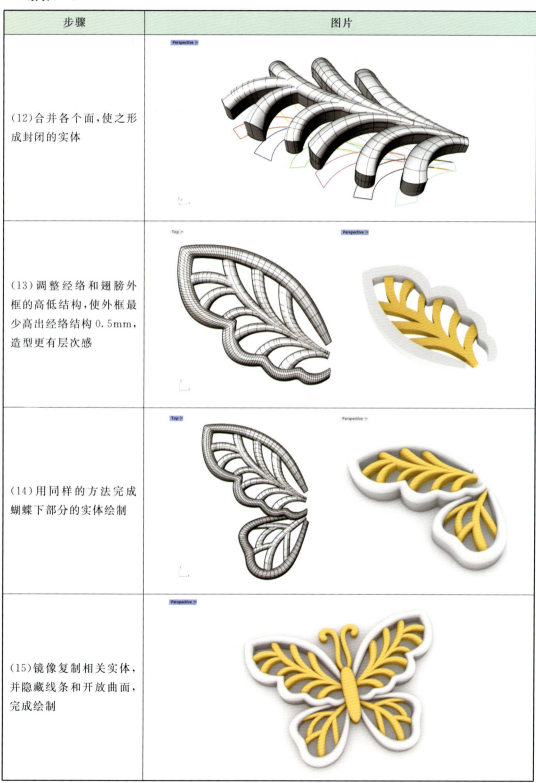

## 第三节 ZBrush

ZBrush(图5-31)是一款由Pixologic公司开发的数字雕刻和绘画软件,以强大的"像素"技术而闻名,这项技术可以让用户在虚拟黏土上以极高的精度进行雕刻。ZBrush在游戏开发、电影特效、玩具制造、工艺设计等领域广泛使用。它具有多变性的肌理、强大的细节处理能力、庞大的素材库等优点,近些年在珠宝首饰行业的运用也非常广泛。利用ZBrush可得到的主要特效有以下几种。

图5-31 ZBrush图标

(1)2.5D绘画:ZBrush提供了一种独特的2.5D绘画模式,这意味着可以在一个2D的画布上添加3D的效果。这个功能对于首饰中常见的浮雕作品的绘制来说相当重要,复杂的凹凸可以通过素面绘画的方式获得,采用基本的素描技术就可以构建简单的立体图案。这在从前是不敢相信的。

(2)立体雕刻:ZBrush的主要功能之一是立体雕刻,这意味着用户可以像在真实的黏土上雕刻一样,在虚拟的3D模型上雕刻。用户可以添加和减少材料、平滑表面、定义形状等。在珠宝首饰作品中这种功能类似传统手工雕刻蜡件,可以通过增减材料得到或镂空、或浮雕、或编织的模型。

(3)纹理和凹凸:ZBrush提供了丰富的纹理和材质工具,用户可以给自己的首饰模型添加复杂的肌理(图5-32)。同时支持用户自己添加纹理,使珠宝产品效果更加理想。

图5-32 ZBrush的部分纹理效果

(4)DynaMesh是ZBrush的一种动态网格技术,它可以在用户雕刻模型时自动重新分布网格,保持模型的拓扑结构均匀。这个功能可以让珠宝雕刻师摆脱网格的约束,更自由畅快地进行作品雕刻。

(5)动态网格是 ZBrush 的一种雕刻模式,它可以在用户雕刻的基本形上,通过替换网格的方式得到拥有穿插、交叠、反复结构的复杂模型,类似参数化的设置可以通过数值的调整改变密度、厚度等基础信息。适合编织、鳞片、甲胄等效果的绘制(图 5-33)。

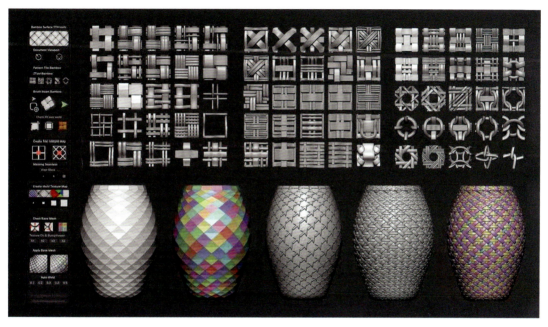

图 5-33　ZBrush 动态网格下的编织效果

(6)UV Master 是 ZBrush 的一种 UV 展开工具,它可以把有弧度的曲面转换成平面效果,再通过在平面上绘制纹理得到凹凸的图像,最后通过 UV Master 工具得到卷曲的纹理面。通过这一维度转换的思路,使复杂的模型变得简单易懂(图 5-34)。

图 5-34　ZBrush 运用 UV Master 工具获得的镂空浮雕效果

(7) Z球(ZSphere)建模是 ZBrush 独特的建模方式,这种建模方式与传统的多边形建模方式有很大的不同,传统建模方式主要是以调整模型的点、边、面来改变物体造型的;而 Z 球建模方式则是将大小不一的球体与球链组合成模型,通过调整它们来实现物体基本形态的搭建,然后再将它们转换为网格物体进行细节雕刻,最终生成珠宝的模型。这种建模方式更人性化,主要体现在调节方便,形体概括能力强,以及工作效率高等方面(图 5-35)。

图 5-35　Z 球模式下的动物造型

总的来说,ZBrush 是一款非常强大的数字雕刻和绘画软件,它提供了许多创新的工具和技术,可以帮助艺术家和设计师创建复杂和详细的 3D 模型。在珠宝设计领域,它的出现取代了延续千年的手工雕蜡工序,也正在成为数字化设计的革命性软件。

ZBrush 除了系统自身在建模方式上有独特的构建思路之外,在绘制模型的工具上与普通的建模软件相比也有很大的区别。常见的数字化 3D 软件大多是用鼠标进行点、线、面的绘制,但是 ZBrush 采用更便于设计师使用的建模工具——数位板来创建模型,对于高精度、多细节的模型来说,用数位板进行创作再合适不过了。

数位板(图 5-36),也被称为图形平板或绘图板,是一种允许用户手动绘图或设计的计算机输入设备。数位板的一个重要特性是它可以感知笔尖对板面的压力,允许用户通过改变压力来改变线条的粗细或颜色的深浅。这对于绘画和设计工作是非常有用的。

设计师可以通过一个特制的笔或光标在数位板上进行操作,这些操作会被计算机系统转化为数字信号进行处理和显示,数位板可以感受人手轻微的压力,最终达到各种微妙的雕刻效果。数位板被广泛应用于绘图、设计、3D 建模、动画制作等领域。

它分为有线连接和无线蓝牙连接版本。数位板通常压力感应级别有 1024 级、2048 级、4096 级、8192 级等,数值越高就具有更高的分辨率和报告速率、更多的快捷键、更好的压力感应和悬浮功能,更适合专业的艺术家和设计师使用。

在数位板的基本上还有升级的高配产品——数位屏(图 5-37)。数位屏内置一个显示屏,用户可以直接在屏幕上绘图或设计,更接近传统的绘画体验。市面上数位屏尺寸有 10~

图 5-36　数位板

32寸。需要注意的是,数位屏的尺寸并不是唯一影响使用体验的因素,其他因素,如屏幕分辨率、色域覆盖、压力感应级别、报告速率、笔尖悬浮功能、多触点功能、快捷键数量和配置等,也都会影响到数位屏的性能和使用体验。在选择数位屏时,需要综合考虑这些因素,以找到最能满足自己需求的设备(图5-38)。

图 5-37　数位屏

图 5-38　使用数位屏进行 ZBrush 雕刻创作

ZBrush 的界面与众不同，宛如一张画布，没有过多的线条和视窗。它的界面（图 5-39）包含主要的工具和功能如下。它们可以帮助用户轻松地使用各种强大的功能。

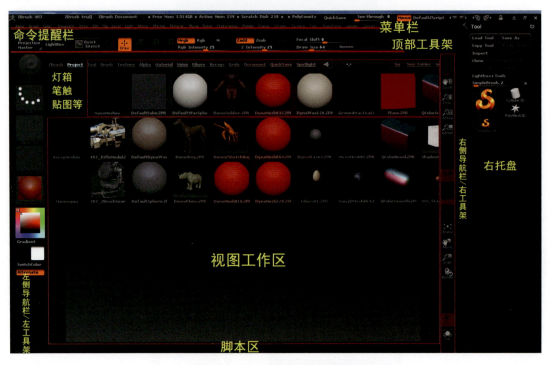

图 5-39　ZBrush 基本界面

（1）菜单栏：位于顶部，包含了 ZBrush 所有的命令，如文件、编辑、工具、笔刷等选项。

（2）命令提示栏：当鼠标指针滑动到操作界面内任意功能图标上时，在命令提示栏中可以看到当前鼠标位置上该功能的名称；执行某些命令时，在命令提示栏内可以看到相应命令的运行情况。

（3）顶部工具架：放置了比较常用的命令和控制选项，如移动、缩放、旋转、画笔的大小控制等，操作时能提高效率。

（4）左侧和右侧导航栏/工具架：左工具架包含了常用的笔刷和雕刻工具，而右工具栏则包含了材质、纹理、颜色等选项。用户可以通过点击它们来访问相应的功能和修改参数。

（5）视图工作区：为位于界面中央，显示用户的 3D 模型。用户可以通过旋转、平移和缩放来调整视角。

（6）右托盘：位于界面右侧的工具面板，包含了与当前选中的 3D 模型相关的各种设置和属性。它包括几个子面板，如几何、纹理映射、UV 映射、分层、纹理、材质等。用户可以在这里修改模型的细节、分辨率、拓扑等属性。

（7）脚本区：可用来阅读脚本，也可运行脚本。

（8）快捷键：ZBrush 提供了许多快捷键，以便用户能够更快地访问和使用功能。例如，使用快捷键 S 可以调整笔刷大小，而快捷键 B 可以打开笔刷面板。

(9)自定义界面：ZBrush 允许用户自定义界面。用户可以根据个人喜好和工作流程移动面板、按钮和工具，以便于使用功能。

(10)笔刷面板：单击键盘字母 B 会在界面中心弹出笔刷面板，在这里用户可以选择和修改用于雕刻和绘画的笔刷。ZBrush 提供了大量的预设笔刷，用户也可以创建自定义笔刷以满足特定需求。

熟悉这些功能并掌握它们的使用方法，可以帮助我们在 ZBrush 中更高效地工作。在接下来的建模中，我们只需要在合适的区域找到相关的工具即可。

下面通过一个简单的纹理戒指案例来了解一下 ZBrush 是如何进行建模的(表 5-3)。

表 5-3 戒指建模过程①

| 步骤 | 图片 |
|---|---|
| (1)在灯箱项目内，找到戒指模型并调出使用 | 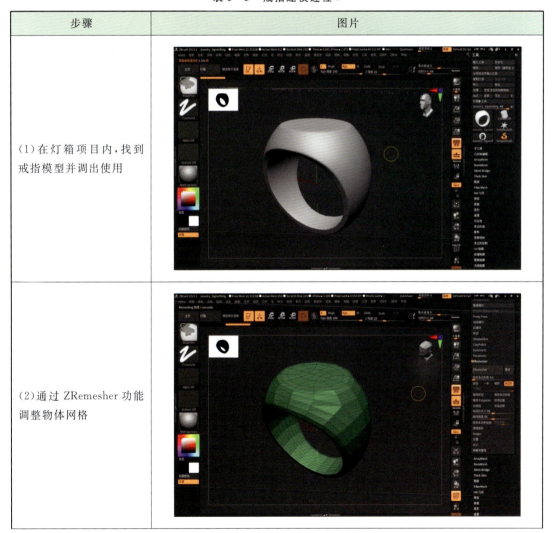 |
| (2)通过 ZRemesher 功能调整物体网格 | |

①案例由广州玩客态度珠宝首饰设计有限公司提供。

续表 5-3

| 步骤 | 图片 |
| --- | --- |
| （3）使用动态细分功能挑选合适的肌理 | 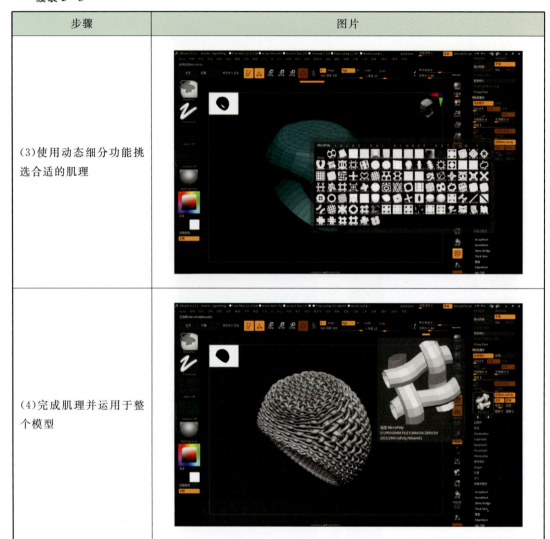 |
| （4）完成肌理并运用于整个模型 |  |

## 第四节　Nomad Sculpt

　　Nomad Sculpt 是一款数字雕刻软件（图 5-40），它允许用户在移动设备上进行 3D 建模和雕刻。该软件提供了直观的界面和强大的工具，使用户能够以自由创意的方式创作出复杂的 3D 模型。

　　Nomad Sculpt 具有多种功能，包括绘画、雕刻、建模和纹理贴图等。用户可以用手指或触控笔在屏幕上进行绘制和雕刻，通过调整不同工具的参数来实现精细的控制。此外，Nomad Sculpt 也支持多种材质和笔刷类型，使用户能够为模型添加细节和纹理。Nomad

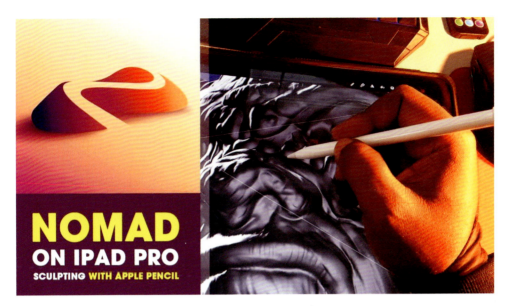

图 5-40 Nomad Sculpt

Sculpt 还具有实时渲染功能,用户可以随时预览模型的外观和光照效果。用户可以通过导入和导出功能与其他 3D 软件进行兼容,并将其作品保存为常见的文件格式。

总而言之,Nomad Sculpt 是一款功能强大且易于使用的移动设备上的 3D 雕刻软件,艺术家、设计师和爱好者可用它进行创作和设计。很多功能与 ZBrush 相似,可将它看作移动版的简化 ZBrush。

Nomad Sculpt 的界面(图 5-41)简洁明了,易于上手。该软件主要的功能和界面元素如下。

(1) 3D 操作界面:位于屏幕中央,用于显示当前正在编辑的 3D 模型。

(2) 笔刷工具与附件工具:位于屏幕右方,包含各种雕刻、绘画和建模工具,用户可以在此选择使用不同的工具。

(3) 子菜单:位于屏幕左侧,用于显示当前选定工具的属性和参数,用户可以通过调整这些参数来实现精细的控制。

(4) 笔刷工具:位于屏幕左侧,包含笔刷大小、笔刷尺寸和各种材质、笔刷类型。

(5) 快捷操作工具:位于屏幕左侧,用于控制模型的视角和缩放。

(6) 主工具栏:位于屏幕左上角,用于导入和导出模型文件以及保存用户的作品。

除此之外,Nomad Sculpt 还支持手势操作,例如双指缩放、旋转和移动模型等。这些手势操作使得用户能够更加直观地进行编辑和创作。

下面通过一个简单的项链设计案例来学习 Nomad Sculpt 的建模过程(表 5-4)。

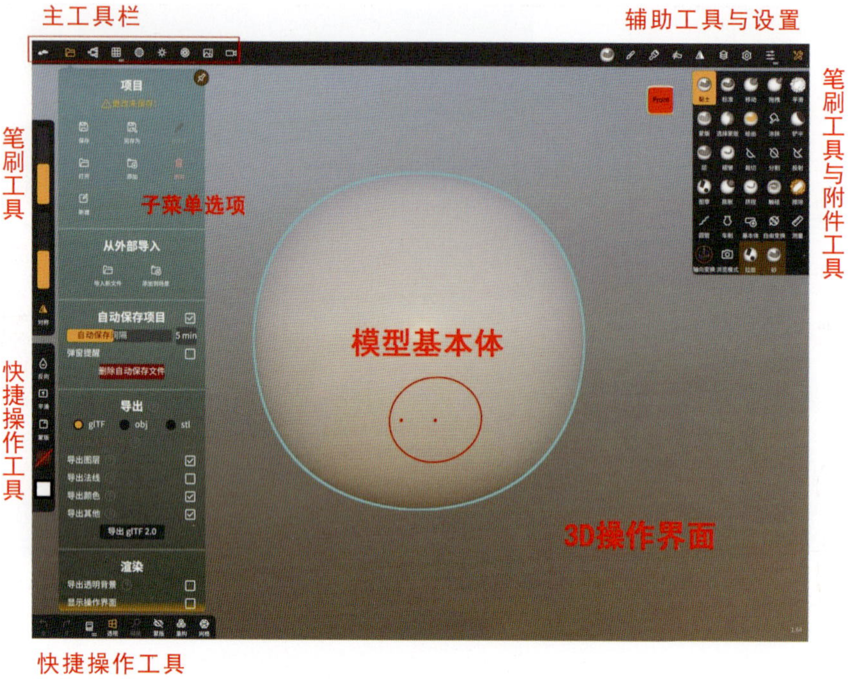

图 5-41 Nomad Sculpt 的界面

表 5-4 项例建模过程①

| 步骤 | 图片 |
| --- | --- |
| (1) 打开软件,在场景中找到基本体,拉出一个球体,并调整尺寸 | 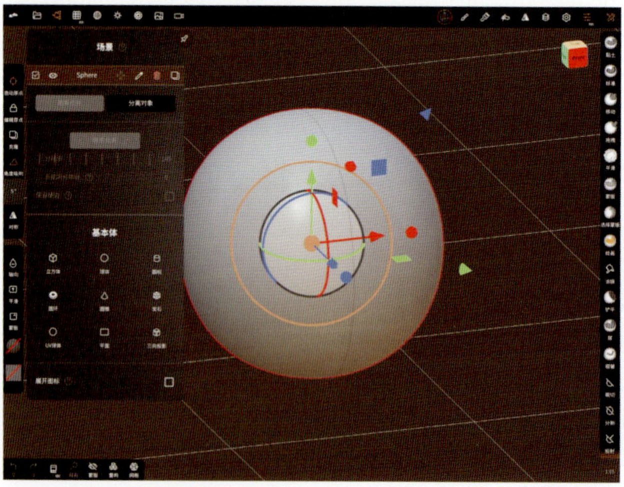 |

---

① 案例由马洲明提供。

续表 5-4

| 步骤 | 图片 |
|---|---|
| （2）在坐标轴中选中绿色箭头上的绿色大圆圈，完成钥匙上部分圆形的基本建立 | |
| （3）选择右边笔刷的"蒙版功能"，然后开启下面对称开关，用笔画出类似叶子形状的深色的蒙版区域。挤出一定的厚度得到一片叶子 | |
| （4）挤出有厚度的叶片后，先对上面的叶子形状的模型使用"轴向变换"功能，点击最外面的橙色圆圈，向内缩小一点，再点击红色箭头旁的红色圆点进行水平方向的缩小，以利于后期的修剪 | |

续表 5-4

| 步骤 | 图片 |
| --- | --- |
| (5)多次修剪后得到一个八片花瓣的镂空结构,在左上第三场景面板中的"基本体"里选择圆柱体,此时默认圆柱体会在圆心 | 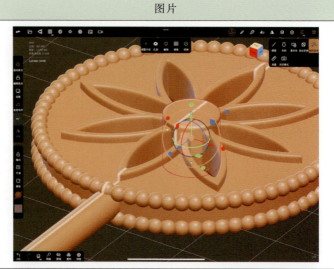 |
| (6)找到"模糊"选项,在连接处多点击几次,使蒙版边缘出现一定程度的模糊羽化效果,使之融合自然 | 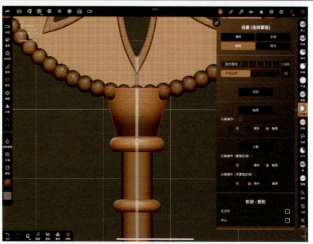 |
| (7)在"裁切"工具中采用"直线"形式在左边矩形部分上方切割出一个斜面。再制作钥匙的其他结构 | 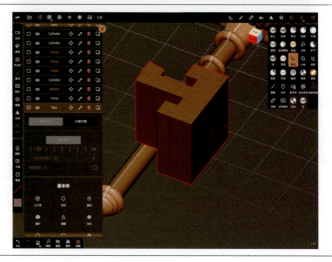 |

续表 5-4

| 步骤 | 图片 |
|---|---|
| (8) 调整好各个部位的比例关系 | |
| (9) 制作项链部分。制作一个椭圆环,再将它复制并旋转90°移动到与其相扣的位置,按照这个方法制作所有环,最后在场景面板里将项链的所有模型简单合并成一个对象,方便调整后期效果 | |
| (10) 加载 HDRI 环境光(小技巧:三指在屏幕上左右滑动可以直接旋转环境光效) | |

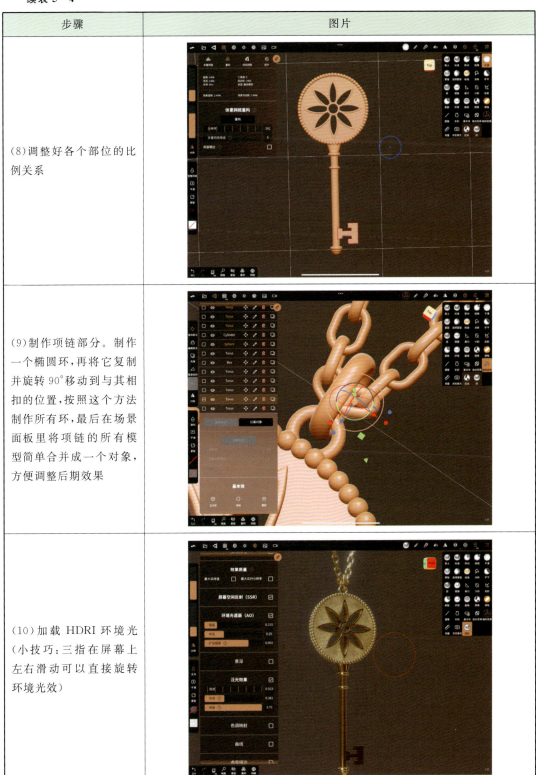

续表 5-4

| 步骤 | 图片 |
|---|---|
| (11)完成渲染,输出。点击左上第二个项目面板,在最下面可以看到"渲染"选项。点击"导出透明背景"可以导出 PNG 格式的去背效果图,它适用于其他合成,去掉勾选则是连同背景一起出图 |  |

要先整理建模前的素材(图5-42),其中包括模型、贴图、环境等信息包,将它们导入到 Nomad Sculpt 软件中。

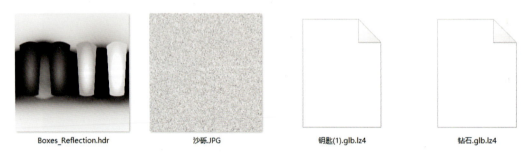

图 5-42　建模素材

导入方法:文件可以直接通过电脑端传输给 iPad,打开 Nomad 文件夹,找到一个名为"environment"的文件夹并将文件保存在这个文件夹。使用时再从 Nomad 中找到对应素材导入即可。

所有素材准备好后,就可以开始建模了。

## 第五节　KeyShot

KeyShot(图5-43)是一款实时的、交互式的 3D 渲染和全局照明软件,被广泛用于产品设计、动画制作和其他 3D 模型的渲染。因为具有丰富的材质库,它非常适合用于珠宝设计产品的渲染(图 5-44)。为了获得最佳的渲染效果和速度,运行 KeyShot 的计算机通常需要具备一定的硬件配置:多核心的中央处理器(CPU),能够充分利用多个核心来提高渲染速度;更优质的显卡(GPU)算力,一个好的显卡可以帮助提高实时视图和 GPU 渲染的性能。推荐使用英伟达(NVIDIA)的专业显卡。

图 5-43　KeyShot 海报

a.Karim Merchant作品　　　　b.Nacho Riiesco作品　　　　c.Pouya Hosseinzadeh作品

图 5-44　KeyShot 对珠宝产品的渲染效果

KeyShot 的主要特点如下。

(1)实时渲染:KeyShot 使用了光线追踪的技术,它能够实时计算光线与物体之间的光影关系,从而实时生成逼真的渲染效果。前提是需要较高级的处理器和性能优越的显卡,不然会卡顿。

(2)易用性:KeyShot 以其直观和易用的界面而闻名。用户只需将 3D 模型导入,然后选择材质、设置光源和相机角度,就可以开始渲染。ZBrush 和 Rhino 的模型可以一键导入 KeyShot,并保留原有模型的分组和结构。基本可以实现无缝对接。

(3)材质库丰富:KeyShot 包含了丰富的预设材质库,如金属、塑料、玻璃等(图 5-45),用户可以通过直接使用。同时,用户也可以自定义材质的各种属性,如颜色、反射、折射等。各类材质的宝石、各种成色的金属都包含在内。

(4)自动动画:除了静态渲染,KeyShot 还支持创建渲染动画。用户可以通过设置相机

图 5-45 KeyShot 材质库中的部分材质

路径、物体运动等,来创建逼真的动画效果。而且不需要特殊设置,可以直接自动编辑镜头角度,使用方便。

(5)全局照明:KeyShot 使用了全局照明算法,能够模拟复杂的光线传播效果,如反射、折射、散射等,从而生成逼真的光照效果。

在 KeyShot 渲染场景界面中(图 5-46),按住鼠标左键旋转摄像机观察视角,滚轮前后滚动调整摄像机观察距离,按住滚轮移动鼠标可以平移摄像机视角。这些操作都同大多 3D 软件类似,为用户使用 KeyShot 降低了操作门槛。

在渲染的同时,KeyShot 拥有 CPU 与 GPU 切换的功能,从 KeyShot 8 开始,KeyShot 就支持英伟达的 GPU 计算。但是对显卡有较高的规格要求,RTX2060 及以上的显卡使用效果更好。此外 AMD 显卡无法参与 GPU 运算。因为 CPU 和 GPU 在渲染效果上有略微差异,所以建议从渲染初期就选定其中之一,避免后期切换导致画面效果不统一。

下面以 KeyShot 11 为例演示渲染操作步骤(表 5-5)。在进行渲染前,需要检查应用该软件的计算机配置,最少要满足以下条件。

CPU:英特尔 i7 以上或 AMD 3700 以上。

显卡:如果不使用 GPU 渲染,有独立显卡即可(若无独立显卡或核显,KeyShot 10、KeyShot 11 可能无法使用)。

目前使用 GPU 渲染仅支持英伟达显卡,即 N 卡,推荐使用规格:RTX2060 及以上。低于此性能的显卡,虽然也可以使用 GPU 渲染,但是效率偏低,使用体验比应用 CPU 的内存运算渲染的效果还要差。

## 3D设计软件  第五章

图 5-46　KeyShot 界面

表 5-5　古币吊坠的渲染过程①

| 步骤 | 图片 |
| --- | --- |
| （1）打开软件，点击界面左上角的"文件"，找到"打开"，点击后在弹出的对话框中找到素材文件，加载模型素材 |  |

---

①案例由马洲明提供。

91

续表 5-5

| 步骤 | 图片 |
|---|---|
| (2)在场景中先简单调整地板材质,把颜色调成灰白色 | 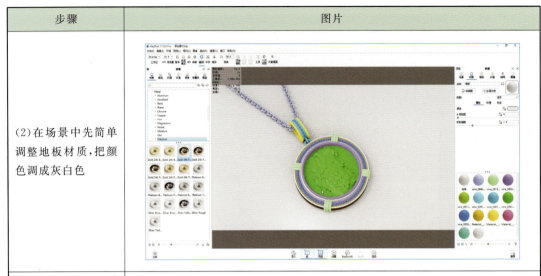 |
| (3)点击界面右边项目面板中的"材质"选项,在最下方可以看到整个场景中所有的材质球。使用鼠标左键按住合适的材质,并将它直接拖到金属包边的内凹部分中 |  |
| (4)把"粗糙度"参数设置为约 0.12。在弹出对话框的最上面找到"材质/解除链接材质",然后再改色,重新设置材质参数。通过细节调整完善古币部分的氧化效果,使产品效果更加逼真 |  |

续表 5-5

| 步骤 | 图片 |
|---|---|
| (5)运用参数化的概念对材质效果作更精细的调整。在摄像机不同的距离下,曲率覆盖效果会随物体占用画面像素的大小而变化。经过调试参数,最终效果大致如右图 | 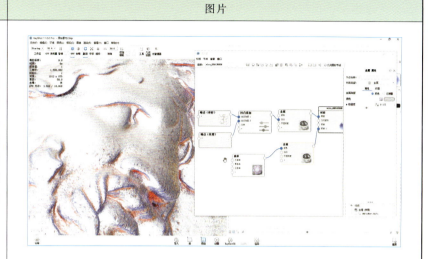 |
| (6)设置所有的材质 | 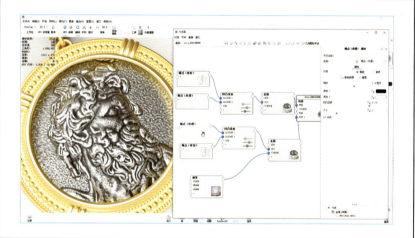 |
| (7)布光:最终经过调整,完成布光效果。在这一步,想要有好的效果须经过一段时间的学习,初学者很容易越调越乱,如果无法控制效果,可以把添加的灯光都隐藏或删除,再多试几遍 | 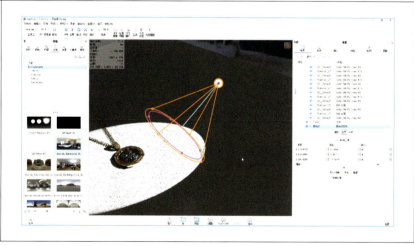 |

续表 5-5

| 步骤 | 图片 |
| --- | --- |
| （8）点击灯光面板中"颜色"前的棋盘格，这里可以添加灯光的照明效果。操作原理类似于拿一块遮光板放在灯前来回调整位置和角度。具体参数效果可以参考右图 | 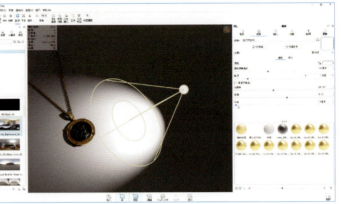 |
| （9）渲染时渲染界面可以提前保存。在渲染过程中若感觉图片质量已经符合要求，可以直接点击界面左上角的保存按钮提前保存。到此这个古币吊坠的渲染全部结束 |  |

# 第六章 珠宝智能制造相关技术

## 第一节 3D 打印技术

### 一、3D 打印技术简介

3D 打印技术,又称为增材制造,是一种先进的制造方法,它以逐层堆积材料的方式创建三维物体(图 6-1)。这一技术可以将数字模型转化为实体对象,以革命性的方式影响了多个领域。

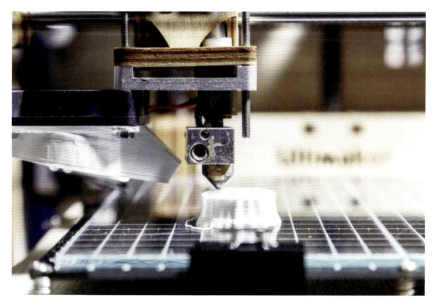

图 6-1 打印材料堆积

在 3D 打印中,3D 打印机根据 3D 模型文件将材料(如塑料、金属、陶瓷等)逐层堆积或固化，以构建物体的每一部分。这种逐层建构的方法使得制造复杂几何形状和个性化产品变得更加容易。

3D 打印技术在医疗、航空航天、汽车制造、珠宝、教育等许多行业中都有广泛的应用。它促进了原型制作、定制产品、小批量生产和可持续制造。3D 打印技术的不断发展和创新，为创造新型产品和解决实际问题提供了前所未有的机会，同时也在数字化制造方面发挥了关键作用。

3D 打印技术在珠宝首饰行业的应用历史可以追溯到 20 世纪末至 21 世纪初。早期的 3D 打印技术主要用于制造首饰的原型和模型，使用起来成本较高，适用于高端市场，但为珠宝设计师提供了新的工具和创作的可能性。这一技术的推广，也加快了珠宝首饰建模师的诞生。

随着数字设计工具的普及，如 Rhino 和 CAD 等，首饰设计师能够更轻松地创建 3D 模型。这些工具与 3D 打印技术结合使用，促进了创新，提高了生产效率。3D 打印材料的不断发展和成熟，如 3D 打印金属、陶瓷、尼龙、硅胶等，进一步扩展了珠宝首饰设计过程中材料多样化的可能性，首饰制造开始迎来一波创新。各种金属和树脂材料变得更加适用于 3D 打印，这使珠宝首饰的定制化和精密制造成为可能。数智化设计和制造降低了单件首饰的创造成本，消费者从传统的批量化首饰购买行为中解放出来，可以根据自己的喜好和需求定制珠宝。这也改变了珠宝产业的生产销售模式，越来越多的制造商采用 3D 打印技术生产珠宝，提高了生产效率和产品质量。数智化设计让珠宝产业的设计、制造和销售方式更加灵活、快捷，也更加富有创新活力。

因此，3D 打印技术已经彻底改变了珠宝首饰的设计和制造方式。它使得珠宝设计和成品制造的实物间的一致性更高，产品创新的周期更短，消费者的选择和满意度也更高。设计和制造两个不同环节间的空间距离障碍也被打破，无论是设计师还是消费者，都可以借助网络平台跨越千山万水，通过一件数字化设计和 3D 打印制造的首饰产品产生密切关联。未来数智化设计支撑下的 3D 打印技术将随着设计软件的 AI 化、打印设备和打印材料的不断创新可操作化广泛进入到大众日常生活中。

## 二、3D 打印设备简介

### 1. 3D 喷蜡机

3D 喷蜡机是一种 3D 打印机，通过喷头将成型材料层层喷射并固化成型。珠宝行业目前主要使用的喷蜡材料有"蓝蜡"和"紫蜡"，所以 3D 喷蜡机也俗称"蓝蜡机""紫蜡机"。这种 3D 打印机的工作原理就是 PolyJet，即聚合物喷射技术，其成型原理类似三维印刷技术，但喷射的不是黏合剂而是一种便于失蜡铸造的蜡材质，喷射完成后通过紫外光照射固化成型。喷蜡设备拥有 2 个喷头，可以同时喷射 2 种不同材料：一种是模型主体蜡材质，多为蓝色或紫色；另一种是可溶性包裹式的支撑材料，多为白色。双喷头分别喷射模型主体材料和模型支撑材料，使得去除支撑变得简单容易。

珠宝市场上使用最多的喷蜡机是 3D Systems 公司的。ProJet MJP（Multijet printing，多喷头打印）系列，是 3D Systems 的一个 3D 打印机系列，采用多喷头喷射打印技术，有精度高、面板大、易于铸造的优势,能够提供高精度和高质量的珠宝 3D 打印方案。图 6-2 为 ProJet MJP 2500 喷蜡打印机。

在珠宝生产过程中,产品打印的流程如下。

图 6-2　ProJet MJP 2500 喷蜡打印机

(1)打印排版(图 6-3):用户需要先创建或获取 1 个 3D 计算机辅助设计的 3D 模型,该模型描述了要打印的物体的几何形状和结构。然后通过计算机进行摆放,避免物件堆叠。

图 6-3　打印排版

(2)材料喷射:ProJet MJP 2500 系列使用多个喷头,它们喷射熔化的打印材料(通常是树脂)。每个喷头喷射 1 个极小的液滴材料层,然后立即固化。打印机在喷射时会按高度同时喷射出两种材料:一种是易于铸造的蓝蜡或紫蜡,一种是易于清洗的白蜡(图 6-4)。

(3)层层堆积:打印机将材料从底层开始逐层堆积,逐渐建立物体。每一层的形状和位置是受切片模型精确控制的。

(4)固化光源:喷射完材料后,使用机器自带的固化光源照射材料,使其固化和硬化,形成一层固体物体。这个固化过程主要采用紫外光。

图 6-4 材料喷射

（5）取件：每打印完一层，打印平台就会下降一点，以准备打印下一层。这一过程持续重复，直到整个物体被打印完成。当整个打印过程结束后，设备会自动停止，此时我们需要加热取出打印台上的打印件（图 6-5）。

图 6-5 取件

（6）后处理：打印完成后，物体通常需要进行后处理，例如去除支撑结构、打磨、涂漆或进行其他装饰处理，以达到所需的外观。图 6-6 中的支撑材料主要是一种溶于丙酮的白蜡，通过浸泡清洗就可以得到完整的工件。

在珠宝行业中，喷蜡机技术的主要特点包括高分辨率、卓越的精度以及易于铸造（图 6-7）。这些使得它在珠宝设计和制造过程中发挥着重要作用，因为它提供了更多的灵活性和可行性，同时满足了高质量的制造需求。这为珠宝设计师和制造商提供了更多的创新机会。然而，喷蜡机设备的高昂成本和相对复杂的维护使其不太适合小型工作室或小工厂。

图6-6 后处理

图6-7 紫蜡铸造效果

## 2. 树脂机

树脂机又称为光固化打印机。DLP(数字光处理)、SLA(激光光固化)和LCD(液晶显示屏)成型是三种常见的光固化3D打印技术,它们在光源、投影方式和打印质量等方面有所不同(图6-8)。

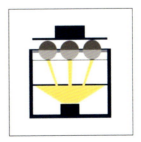

投影仪将光线整体投射到整层树脂上,使其一次性固化

激光束有选择地逐点固化液体树脂

液晶屏可以遮挡投影仪的光线,一次固化一整层

图6-8 光固化打印机原理图

在光源上，DLP打印机使用数字投影仪作为光源，通过微镜将整个图层的光模式投影到光固化树脂上；SLA打印机使用激光束作为光源，通过扫描或投影方式将激光束聚焦在光固化树脂上；LCD打印机使用液晶显示屏作为光源，通过液晶屏上的像素控制光的透射与阻挡，从而形成图层的光模式。

在打印切平投影方式上，DLP打印机通过数字投影仪将整个图层的光模式一次性投影到光固化树脂上，一次性固化一整层，因此打印速度较快（图6-9）；SLA打印机通过激光束逐点或逐线扫描，使光固化树脂有选择性地逐渐固化，因此打印速度较慢；LCD打印机通过液晶屏上的像素控制光的透射与阻挡，形成图层的光模式，因此打印速度介于DLP和SLA之间。

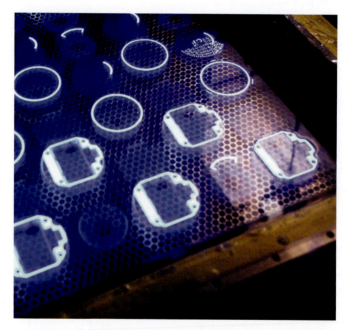

图6-9 紫外光整片投影

在打印质量上三者也有区别：DLP和SLA打印机的打印精度通常较高，可以实现较细腻的细节和平滑的曲线；LCD打印机的打印精度相对较低，可能会出现一些像素化的痕迹，边缘和曲线可能不够光滑。

在成本方面：DLP打印机通常比SLA打印机更便宜，因为数字投影仪的成本相对较低；SLA打印机的激光光源较昂贵，因此价格通常较高；LCD打印机通常是最便宜的，因为液晶屏的成本相对较低。

需要注意的是，不同品牌和型号的打印机可能会有细微的差异。在选择适合自己的光固化3D打印机时，可以考虑打印速度、打印质量、成本以及其他特定需求等因素。

同喷蜡机工作的步骤类似，光固化打印机的基本工作流程也分为以下几步。

（1）准备3D模型文件：使用3D建模软件或者从在线3D模型库中下载需要打印的3D模型文件。

(2)切片软件处理:将3D模型文件导入切片软件中,进行切片处理。切片软件将3D模型文件分解成多个图层,并生成每个图层的打印路径和光固化模式等参数。

(3)打印前准备:将光固化树脂注入打印机的打印槽中,并将打印底板固定在打印机的工作台上,然后将打印机连接到电脑或其他控制设备上。

(4)打印:启动打印机,控制设备将切片软件生成的打印路径和光固化模式等参数发送给打印机。打印机根据这些参数控制光源和工作台的运动,逐层将光固化树脂固化成3D模型。

(5)模型清洗和后处理:打印完成后,将打印底板从打印机上取下,并将3D模型从打印底板上取下。然后,将模型放入清洗槽中清洗,以去除多余的树脂。最后,对3D模型进行必要的后处理,如研磨、喷漆等,以达到所需的最终效果。

需要注意的是,不同型号和品牌的光固化打印机可能会有一些细微的差异,但基本的工作流程大致相同。

光固化打印机是基于层层堆积固化的方法,通过逐层构建物体来实现三维打印。这一过程使其非常适合用于制造高精度和精细细节,如珠宝首饰设计、原型制作和模型制作。光固化打印机通常提供出色的打印质量和精度,可以打印多种不同的树脂材料,这些树脂根据其硬度、性能、价格和适用领域等方面的差异在多个领域都得到了广泛应用。

(1)通用树脂(general resin)(图6-10)。

邵氏硬度:通常在50~80 Shore D之间。

性能:具有较好的强度和耐磨性,适用于一般的功能性打印。

价格:相对较低,较为经济实惠。

适用领域:适用于一般的原型制作、小批量生产、模型制作等。

(2)高强度树脂(tough resin)(图6-11)。

邵氏硬度:通常在70~90 Shore D之间。

性能:具有较高的韧性和耐冲击性,能够承受一定的应力。

价格:相对较高,略高于通用树脂。

适用领域:适用于需要更高强度和耐冲击性的应用,如功能性零部件、工装夹具等

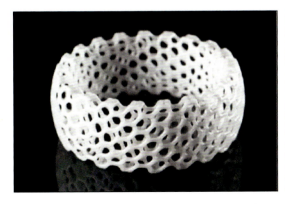

图6-10 通用树脂

图6-11 高强度树脂

(3)透明树脂(clear resin)(图6-12)。

邵氏硬度:通常在80～90 Shore D之间。

性能:具有较高的透明度和光学质量,能够实现透明或半透明的打印效果。

价格:较昂贵。

适用领域:适用于需要透明或半透明效果的应用,如透明模型、眼镜镜片等。

(4)弹性树脂(elastic resin)(图6-13)。

邵氏硬度:通常在20～60 Shore A之间。

性能:具有较强的弹性和柔软性,能够实现弯曲和拉伸等形变。

价格:较昂贵。

适用领域:适用于需要柔软、弹性或可变形的应用,如密封件、弹性结构等。

图6-12 透明树脂

图6-13 弹性树脂

(5)高温树脂(high-temperature resin)(图6-14)。

邵氏硬度:通常在70～90 Shore D之间。

性能:具有较强的耐高温性能,能够在高温环境下保持稳定。

价格:较昂贵。

适用领域:适用于需要耐高温性能的应用,如模具、热流体分析等。

(6)铸造树脂(图6-15)。

邵氏硬度:通常在40～80 Shore A之间。

性能:具有热稳定性、低热膨胀系数、低热导率、高精度和耐磨性等优良性能。

价格:较昂贵。

适用领域:压铸、重力铸造、低压铸造等。它们适用于制造各种铸件。

不同品牌和型号的光固化打印机可能支持不同类型的树脂材料。此外,树脂的性能和适用领域也受到具体的配方和制造商的影响。因此,在选择打印材料时,建议参考各打印机品牌和型号的官方文件,以了解其推荐的材料和适用领域。

光固化打印机制作完模型之后,物体还需要进行后处理,如清洗、固化、打磨等,这对光固化打印机操作人员的动手能力有一定的要求。应用于首饰制作行业的光固化打印机,除

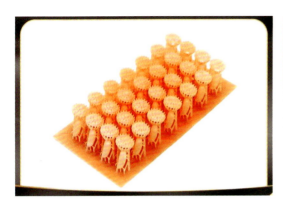 

图 6-14　高温树脂　　　　　　　图 6-15　铸造树脂

了拥有高精度和易铸造的材料优势之外,还可以应用蜡镶的工艺在光固化打印的模型上进行宝石的镶嵌(图 6-16),为整个珠宝定制流程节省人工成本。

对于很多独立工作室及个人珠宝设计师,光固化打印机由于具有价格优势,是非常合适的选择。在选择光固化打印机时,建议进行充分的市场调研和产品比较,以找到能满足自身需求的设备。

图 6-16　光固化树脂蜡镶效果

### 3. 金属打印机

3D 金属打印技术是需要先在电脑上完成前期的图形设计,再通过 3D 打印机用高能量激光烧熔金属或者玻璃粉末等细小颗粒,使之变成所需的三维形状的切片,最后烧结机器把这些切片一层一层累积起来,从而得到想要的部件。

金属打印机主要采用以下两种工作原理:SLM(选择性激光熔化)(图 6-17)和 SLS(选择性激光烧结)(图 6-18),它们在成型原理和使用环境上都有区别。

图6-17 SLM金属打印机

图6-18 SLS金属打印机

在基础原理上,SLM是使用激光束直接熔化金属粉末,将其逐层熔化成固体金属零件。激光束的功率非常高,足以使金属粉末完全熔化并与前一层材料融合。SLS则是使用激光束将金属粉末加热至接近熔点,但不完全熔化。它的激光束的功率比SLM略低一点,但是也足以使金属粉末颗粒结合在一起,整个过程金属粉末没有完全熔化。

在温度控制上,SLM需要控制激光束的功率和扫描速度,以确保金属粉末完全熔化,并制作高密度和高强度的金属零件。SLS则需要控制激光束的功率和扫描速度,以确保金属粉末颗粒之间的结合,但不需要完全熔化粉末。

基于其原理的差别,两者在应用方面也有一些差别。SLM通常用于制造高密度、高强度和形状复杂的金属零件,它在航空航天、汽车、医疗和制造等领域具有广泛的应用。SLS也可用于制造金属零件,但相对于SLM,其材料密度和机械性能可能稍低。SLS适用于一些金属零件密度和强度要求不那么高的应用领域。

总的来说,SLM和SLS都是金属打印技术,但SLM通过完全熔化金属粉末来制造金属零件,而SLS则通过部分熔化来实现金属粉末的结合。选择哪种技术取决于具体应用需求和所需的材料性能。

金属打印技术同样可以使用多种金属材料,包括钛合金、铝合金、镍基合金、不锈钢、铜、银、金等。不同的材料具有不同的特性和适用范围。

(1)钛合金(图6-19):具有高强度、低密度、良好的耐腐蚀性和生物相容性等优点,适用于医疗、航空航天、汽车等领域。近年来钛合金珠宝首饰因为色彩多样性也走到了广大消费者面前,但钛合金的成本较高、加工难度大、容易出现氧化等问题也值得我们注意。在金属打印材料中,没有纯钛材质,一般材料有TA2合金和TA4合金,两者在后期着色方面会有差异。

(2)铝合金:具有轻质、强度高、导热性好等优点,适用于航空航天、汽车、电子等领域。铝合金的成本较低,易氧化、易腐蚀。珠宝首饰产品如果运用到铝合金材质,需要对它进行表面处理,同时也可以运用阳极氧化使它表面产生多种颜色。

(3)镍基合金:镍基合金具有高温性能、耐腐蚀性和耐磨性等优点,适用于航空航天、能源和化工等领域。但镍基合金的成本较高,加工难度大,容易出现烧结和裂纹等问题。

图 6-19 钛合金打印效果

(4)不锈钢:不锈钢具有耐腐蚀性好、强度高、容易加工等优点,适用于制造厨具、医疗器械、建筑材料等。不锈钢的成本较低,需要进行表面处理以提高其美观度。珠宝首饰中用到不锈钢材质的男性饰品较多,可运用真空电镀对表面进行镀色,保色性较好。

(5)铜(图 6-20)、银(图 6-21)、金(图 6-22):这些金属具有导电性、导热性和光泽度良好等优点,适用于珠宝首饰、电子器件等领域。但这些材料的粉体加工成本非常高,并受激光加工技术的影响,虽然能够加工一些具有活动结构的精细产品,但是产品的后期处理难度比较大。

图 6-20 铜打印效果

图 6-21 银打印效果

图 6-22 金打印效果

总的来说,金属打印技术可以使用多种金属材料,每种材料都有其独特的特性和适用范围。可以根据应用需求、成本、加工难度和材料性能等因素选择合适的材料。

金属打印技术在过去几年里虽然取得了显著的发展,但是在珠宝首饰设计及加工领域仍然存在很多不容忽视的问题:产品表面粗糙(图 6-23)、加工难度大、加工成本高等。因此该技术若要在珠宝行业大规模运用和生产加工还有很长的路要走。

图6-23 打印的金属产品表面粗糙,可见颗粒感

#### 4. FDM 打印机

热熔打印技术(FDM)是一种常见的3D打印技术,也被称为熔融沉积建模。它是一种添加制造技术,是通过逐层堆叠熔化的热塑性材料来创建三维物体。FDM技术目前作为开源技术,是最简单也是最常见的3D打印技术,通常应用于桌面级3D打印设备(图6-24)。在原型制作、教育、个人制造等领域有着广泛的应用。

图6-24 FDM桌面打印机

FDM打印机的工作步骤相对来说也比较简单。

(1)材料供给:FDM打印机使用的是具有热塑性的线材,通常称之为填充物或者填料。

这些线材通常是圆柱形的(图6-25),有不同颜色和性能可供选择。打印时,通过打印机的进料机构从卷筒或者卷轴中供给线材。

图6-25 各种颜色的线材

(2)熔化和挤出:线材在热端(通常是一个加热的挤出头)被加热到足够高的温度,熔化成具可塑性的熔融态。然后通过打印喷头挤出堆积(图6-26),形成一定的高度和外形。

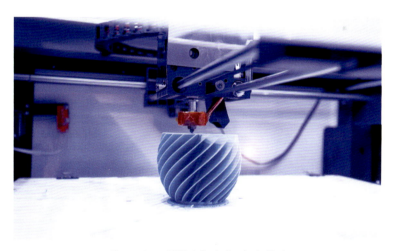

图6-26 FDM打印机喷头挤出

(3)层叠堆积:挤出头在打印平台上移动,并将熔融的材料沉积在预估的位置上,形成一层一层的物体。通常,打印机的 $X$ 轴和 $Y$ 轴会移动,而打印平台会在 $Z$ 轴上逐渐向上移动,以形成新的层。

(4)固化和冷却:一旦一层材料沉积完成,它会迅速冷却并固化,维持一定的形状和结构。这样,下一层的材料就可以在其上进行堆叠。

(5)添加支撑结构:对于一些复杂的几何形状,可能需要添加支撑结构来支撑悬空的部分,以防止其下垂或变形。这些支撑结构通常是可溶性的或者可以手动移除的,以便在打印完成后去除。

FDM 打印技术的优点有易于使用、成本较低、可以使用多种热塑性材料、制造速度较快等。然而,由于打印过程中材料的熔化和冷却,FDM 打印的物体可能存在层间黏接强度较低、表面较粗糙等缺点(图6-27)。此外,由于热塑性材料的特性,FDM 打印的物体在高温环境下可能会软化或变形。

图6-27 FDM 打印产品的表面效果

FDM 打印技术可以使用多种打印材料,常见的打印材料及其特性见表6-1。

表6-1 FDM 打印材料及特性

| 打印材料 | 硬度 | 性能 | 价格 | 适用领域 |
| --- | --- | --- | --- | --- |
| 聚乳酸(PLA) | 中等硬度 | 易于打印,无毒,可生物降解,细节表现好 | 相对较低 | 快速原型制作、教育、艺术品、玩具等 |
| 聚对苯二甲酸乙二醇酯(PETG) | 中等硬度 | 强度好,耐冲击,耐化学性,透明度高 | 适中 | 机械零件、功能性原型、耐用品等 |
| 聚碳酸酯(PC) | 高硬度 | 强度好,耐冲击,耐热性好,透明度高 | 较高 | 功能性原型、工业零件、汽车零部件等 |
| 聚酰亚胺(PEI) | 高硬度 | 耐热性好,耐化学性好,强度高 | 较高 | 航空航天、汽车、电子等 |
| 聚酰胺(PA,nylon) | 中等硬度 | 耐磨性好,耐冲击,耐化学性好 | 适中 | 机械零件、功能性原型、齿轮等 |

5. 其他打印机

(1)陶泥打印机:是一种利用数字化设计文件打印陶瓷制品的设备。其工作原理与传统的 FDM 打印机类似,但是打印材料不同。陶泥打印机使用的材料是陶泥和黏合剂,将陶土和黏合剂混合在一起,形成一种类似于泥浆的物质,然后通过打印头将其一层一层地喷射到打印平台上,最终形成一个完整的陶瓷制品(图6-28)。

图6-28 陶泥打印效果

因为陶土材料的特性,喷头需要满足一定的尺寸要求,所以产品表面不会太精细,正是这一特性,陶泥打印机的作品也有另外一种美感。陶泥打印机打印的模型后期也需要入窑焙烧定型,在定型前可以上釉或是进行彩绘加工。

(2)食品打印机:是一种特殊类型的3D打印机,它使用可食用的材料来打印出各种食品。常见的泥状、浆状的食材有奶油(图6-29)、巧克力(图6-30)、肉类(图6-31)、面粉(图6-32)等。其工作原理与传统的FDM打印机类似,步骤包括数字化设计、材料准备、打印和成型。

需要注意的是,食品打印机因不同的打印技术和食品材料而有所差异(表6-2)。例如,一些食品的颗粒大,需要大口径的打印头;有的食物温度低会凝固,就需要能加热的喷头;一些食品打印机还可以通过控制温度、湿度和其他参数来调整打印过程,以实现更精确的打印效果。

图 6-29　打印奶油

图 6-30　打印巧克力

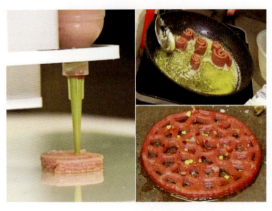
图 6-31　打印肉泥再烹饪

图 6-32　打印面粉制品

表 6-2　食材打印参数

| 打印食材 | 针头尺寸/mm | 喷头温度/℃ | 默认打印速率/% | 最大打印高度/mm | 回融流量/mm | 退丝速度/(mm·s$^{-1}$) |
| --- | --- | --- | --- | --- | --- | --- |
| 黑巧克力 | 0.6～0.84 | 37 | 100 | 8.5 | 2 | 50 |
| 白巧克力 | 0.6～0.84 | 33 | 100 | 8.5 | 2 | 50 |
| 饼干 | 0.84 | 常温 | 100 | 7 | 2 | 50 |
| 奶糖 | 0.84 | 35(冬季) | 100 | 10 | 2 | 50 |
| 土豆泥 | 0.84 | 常温 | 100 | 3 | 2 | 50 |
| 果酱 | 0.84 | 常温 | 100 | 9 | 2 | 50 |
| 肉泥 | 0.84 | 常温 | 100 | 9 | 2 | 50 |

(3)建筑打印机：其工作原理与传统的 FDM 打印机类似，但是打印材料和尺寸都有不同。建筑打印机使用的材料是水泥和黏合剂。打印时，先将它们混合成一种类似于泥浆的

混凝土或者水泥浆物质,然后通过打印头将其一层一层地喷射到打印平台上,最终形成一个完整的建筑作品(图6-33)。一般打印设备的尺寸非常大,打印头的口径最大能有20cm。建筑行业引入打印机解决了建筑构造的问题,针对流线型的结构,打印机的优势就凸显出来了。而且速度非常快,往往两层楼的建筑一天之内就可完成。

图6-33　建筑打印机打印水泥材质

## 第二节　3D扫描技术

在珠宝设计领域,常用3D扫描技术来进行原始数据采集、原版覆模、雕刻辅助等工作,采用3D扫描技术可以使生产更加精细精准,减少误差和损耗。3D扫描技术是一种用于捕捉现实世界中物体的三维形状和表面特征的技术(图6-34)。通过使用激光发射器、激光反射器和摄像头等传感器系统,3D扫描仪可以快速捕捉物体的几何形状、颜色和纹理信息,从

图6-34　3D扫描技术捕捉小摆件的外形及颜色

而生成一个数字化的 3D 模型。这种技术在许多领域都有广泛应用,如制造、建筑、珠宝设计、医疗、娱乐和文物保护等领域。

3D 扫描技术根据硬件、行业的不同分为很多不同的类型。

(1)激光扫描:通过向物体发射激光束并测量反射回的光线,计算物体表面特征和形状。激光扫描技术可以分为激光点扫描和激光线扫描。市面上的手持式扫描仪(图 6-35)、户外扫描仪多是基于这种技术的产品。

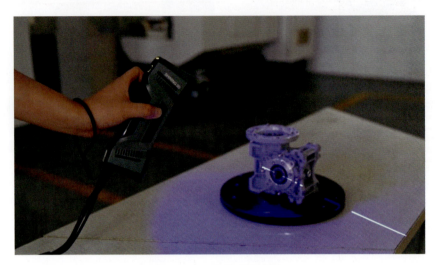

图 6-35　手持式扫描仪

(2)光学扫描:使用摄像头或其他光学传感器捕捉物体的表面特征。结构光扫描和光学三角测量是光学扫描的两种常见方法。小型珠宝首饰、牙科扫描仪多用这类技术。

(3)全息扫描:使用全息摄影技术记录物体表面的三维信息。全息扫描不仅可以记录物体的表面信息,也可以记录颜色、材质等信息。

(4)超声波扫描:通过发射声波并接收反射回的回声,计算物体表面特征和形状。这种方法主要用于医疗领域。

(5)磁共振成像(MRI):利用磁场和射频脉冲产生物体内部结构的详细三维图像。MRI 主要用于医学诊断和研究。

3D 扫描技术的发展为各行各业提供了许多新的可能性,例如在设计和制造过程中进行快速原型制作,在医疗领域进行定制的义肢设计和生产,在文化遗产保护中对珍贵文物建数字化档案等。随着技术的进步,3D 扫描仪的精度和速度也在不断提高,为更多的应用场景提供支持。

3D 扫描技术在珠宝首饰行业的应用一般会结合逆向技术,在首饰的原型制作、翡翠镶嵌、异形宝石高端定制等方面的应用非常广泛,其工作方式主要包括以下几个方面。

(1)数据素材提取:3D 扫描技术可以快速、精确地获取珠宝首饰的三维数据,为设计和制造提供便利(图 6-36)。例如,设计师可以先手工制作一个首饰原型,然后使用 3D 扫描仪得到其 3D 模型,再通过 3D 打印或 CNC 机床进行批量制造。这样不仅可以保留手工制作的艺术性,也可以提高生产效率和精度。

图 6-36 通过扫描使实物转化成 3D 模型

(2)定制服务:通过 3D 扫描,精确获取客户的信息(如手的尺寸),为定制首饰提供精确的数据。同时,也可以扫描客户已有的首饰,为复制或修改提供便利。

(3)质量控制:3D 扫描可以快速、精确地检测首饰的尺寸和形状(图 6-37),帮助企业进行质量控制。例如,可以对不规则宝石进行 3D 扫描,获得宝石数据,将它与设计模型进行比较,辅助修改出合适的镶嵌杯口,完成不规则宝石的镶嵌(图 6-38),达到生产要求。

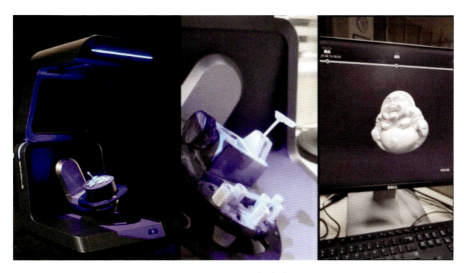

图 6-37 扫描翡翠外形

图 6-38 扫描后设计镶嵌

（4）文物修复或复制：对于珍贵的古代珠宝，可以通过 3D 扫描技术获取精确的 3D 模型（图 6-39），用于修复或复制。这样可以让更多的人欣赏到美丽的文物。

图 6-39 3D 扫描文物修复现场

总的来说,3D 扫描技术为珠宝首饰行业提供了许多新的可能性,使得设计、制造、销售和服务等各个环节都变得更加便捷、高效。

## 第三节 计算机数控技术

计算机数控(CNC)技术是指通过编程控制机械设备的技术。它使用计算机来存储和执行程序。CNC 技术的优点是程序可以随时修改,操作更加灵活,而且可以实现更复杂的控制功能。CNC 技术在珠宝首饰和钟表行业中的应用,提高了生产效率,保证了产品的精度和质量,扩大了设计和制造的可能性。

### 1. CNC 激光切割机

这种机器(图 6-40)使用高能激光束对各种材料进行精确切割。通过计算机控制激光束的移动路径,可以实现复杂图形的切割。激光切割机的优点是切割精度高、切割速度快、热影响区小。

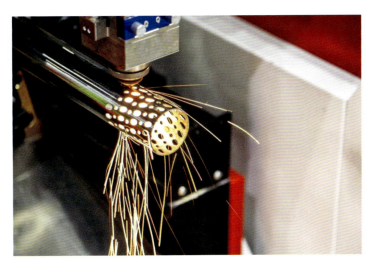

图 6-40 配合二轴 CNC 的激光切割机

相比较传统的手工线锯(图 6-41),激光切割可以用于珠宝首饰和钟表零件的精细和复杂的切割工作(图 6-42)。例如,可以批量、快速地切割出复杂的金属饰品图案,或者切割出精密的钟表零件。此外,激光切割机还可以用于珠宝首饰的修复和改造,对平面的首饰材料有着很好的处理能力。相比传统锯弓的切割操作,CNC 激光切割提供了更高效、更灵活、更智能的数字化解决方案。

激光切割作为数智化首饰加工过程中一项重要技术,我们对其工作步骤需要有深入的了解。

(1)设计:设计师会使用 JewelCAD、Rhino 等计算机辅助设计软件来创建首饰的平面模型(图 6-43)。这个模型将包括切割线和切割深度等信息。主要是平面的线图,线图必须是封闭的曲线。

图 6-41 传统手工线锯

图 6-42 现代激光切割

图 6-43 计算机辅助软件构建切割线条

（2）编程：接下来，专门的 CAM 软件会根据平面模型生成 CNC 代码。这个代码会告诉 CNC 激光切割机如何移动，以及发射激光的强度、时长、功率、速度和焦距（图 6-44）等。

（3）切割：在所有设置完成后，CNC 激光切割机将开始按照 CNC 代码进行切割。激光的热量会使材料少量蒸发或掉落，从而在材料上切出精细的图案或形状（图 6-45）。

（4）后处理：切割完成后，首饰可能需要进行后处理，如清洗、打磨、抛光等，以去除切割过程中产生的烧焦痕迹，提高首饰的外观质量（图 6-46）。

最后，会对首饰进行质量检验，以确保其满足设计要求，达到质量标准。

通过使用 CNC 激光切割机，首饰制造商可以制作出复杂和精细的设计，而且可以大规模地复制这些设计，从而提高生产效率和产品质量。

图 6-44　调节激光焦距

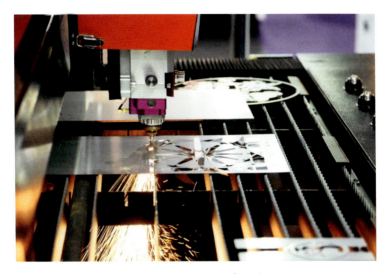

图 6-45　激光切割作业过程

图 6-46　打磨后的吊坠

### 2. CNC 冲压机

CNC 冲压机是使用 CNC 技术控制冲头，对材料进行冲压，实现切割、冲孔、成型等操作。冲压机的优点是生产效率高、适合大批量生产，主要用于大批量生产珠宝首饰和钟表零件。例如，利用它可以冲压出大量的金属饰品零件、钟表零件、平片、纪念章硬币、双面浮雕产品等（图 6-47—图 6-49）。此外，冲压机对于厚度非常薄的产品有着很大的生产优势。

图 6-47 平片冲压模具

图 6-48 硬币冲压模具

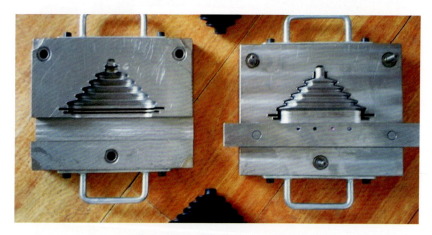

图 6-49 双面浮雕冲压模具

CNC 冲压机加工首饰需要配合高吨位的液压设备，一般步骤比较简单。

（1）原型设计：设计师使用数字化设计软件创建首饰的 3D 模型。这个模型将包括所有的细节，如形状、尺寸和厚度等。

（2）制作模具：根据 3D 模型，制作用于冲压加工的模具。模具通常由硬质金属制成，如钢或硬质合金，以确保其在冲压过程中具有足够的耐用性和精度。

（3）编程：CAM 软件根据 3D 模型生成 CNC 程序。这个程序将指导 CNC 冲压机如何进行冲压操作。此外，操作员还需要设置冲压参数，如压力、速度和行程等。

(4)冲压：在设置好所有参数后，CNC冲压机将开始按照CNC程序进行冲压操作。冲压机的压力头会按照预设的路径和力度对金属材料进行成型、切割和压印等。

(5)后处理：冲压完成后，首饰可能需要进行后处理，如去除毛刺、打磨、抛光、电镀等，以提高首饰的外观质量和耐用性。这里依照生产标准可能还需要制作多余的模具来配合使用。

最后，会对首饰进行质量检验，以确保其满足设计要求，达到质量标准。

通过CNC冲压加工，首饰制造商可以在较短的时间内生产出大量的首饰，同时保持较高的生产效率和产品质量。此外，CNC冲压加工还可以实现对首饰的高度定制化生产。

### 3. CNC 多轴加工

多轴加工（multi-axis machining）：传统的 CNC 机床通常只能进行三轴（$X$、$Y$、$Z$ 轴）的加工，但现在的多轴 CNC 机床可以进行四轴、五轴甚至更多轴的加工（图 6-50），这使得复杂形状零件的加工成为可能（图 6-51）。

图 6-50　CNC 多轴加工吊坠过程

图 6-51　CNC 多轴加工的吊坠成品

"轴"通常是根据机床的运动自由度来定义的。在数控机床中，轴是指可以独立控制的运动方向。这些部件的运动方向可以是线性的（如 $X$、$Y$、$Z$ 轴）（图 6-52）或者是旋转的（如 $A$、$B$、$C$ 轴）。

线性轴通常表示平移运动，例如：$X$ 轴——水平左右移动；$Y$ 轴——水平前后移动；$Z$ 轴——垂直上下移动。

旋转轴表示旋转运动，例如：$A$ 轴——围绕 $X$ 轴旋转；$B$ 轴——围绕 $Y$ 轴旋转；$C$ 轴——围绕 $Z$ 轴旋转。

CNC 多轴加工是指使用有多个运动轴的 CNC 机床进行加工。多轴加工机床轴的数量取决于机床的设计和应用需求。例如，一个三轴数控机床通常具有 $X$、$Y$ 和 $Z$ 轴，而一个五轴数控机床可能具有 $X$、$Y$、$Z$、$A$ 和 $C$ 轴。机械臂和旋转平台的数量也可以影响轴的数量，但轴主要依据机床的运动自由度来调整。以下是一些常见的多轴配置及其适用的产品类型。

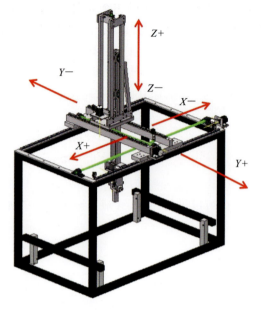

图 6-52　X、Y、Z 轴方向

(1)二轴加工：这是最基础的 CNC 多轴加工。这种类型的机器可以在两个方向上移动刀具或工件，通常是 X 轴和 Z 轴（图 6-53）。它们主要用于生产圆柱形、圆锥形或者其他旋转对称的零件，如戒指的索圈、圆柱基本配件（图 6-54），或者用于切割（图 6-55）。

图 6-53　二轴加工原理图

图 6-54　圆柱加工

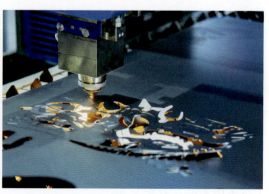

图 6-55　切割加工

（2）三轴加工：三轴机床可以在 $X$、$Y$、$Z$ 轴三个方向上移动（图 6-56），这使得它们可以进行更复杂的操作，如铣削和钻孔。这种类型的机器主要用于生产有复杂轮廓的零件，如模具、壳体等。珠宝首饰中常见的浮雕牌子（图 6-57、图 6-58）、平雕饰品就是使用这类设备加工的。

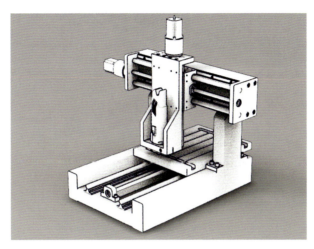

图 6-56　三轴加工原理图

图 6-57　浮雕玉牌

图 6-58　浮雕玉佛

（3）四轴加工：四轴机床是在三轴的基础上增加了 1 个旋转轴，通常是围绕 $X$ 轴或 $Y$ 轴旋转（图 6-59）。这使得它们可以在 4 个方向上加工零件，从而生产出更复杂的形状（图 6-60、图 6-61）。四轴机床通常用于生产有复杂曲面或需要在多个面进行加工的零件，如螺旋齿轮、曲轴等。

（4）五轴加工：五轴机床在四轴的基础上增加了 1 个旋转轴，通常是围绕 $Z$ 轴旋转（图 6-62）。这使得它们可以在 5 个方向上加工零件，从而生产出极其复杂的形状。五轴机床通常用于生产有复杂曲面和复杂几何形状的零件，如涡轮叶片、航空零件、多面镂空件（图 6-63）、复杂模具、手表外壳（图 6-64、图 6-65）等。

图6-59 四轴加工原理图

图6-60 明钛精密雕刻机CNC四轴加工蜡件的过程

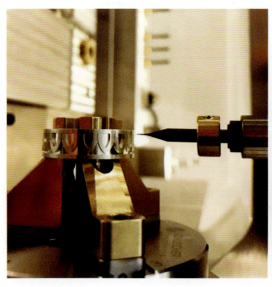

图6-61 CNC四轴加工戒指的过程

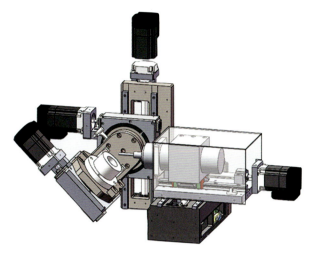

图 6-62 五轴加工原理图

图 6-63 多面镂空件的加工

图 6-64 手表外壳加工 1

图 6-65 手表外壳加工 2

目前还有六轴、七轴、增减材一体等各类更高级版本的 CNC 设备,各种类型的多轴机床都有其特定的应用领域,选择哪种类型的机床取决于要生产的零件的复杂性和生产需求。

### 4. CNC 镶石

CNC 镶石是指利用 CNC 技术来进行宝石镶嵌。目前市面上相对高级的数控镶嵌设备已经达到五轴水平,针对有弧度、有大小石的货型都可以做到快速加工。

相比传统的手工镶嵌,CNC 镶石的主要优点是可以实现高度自动化和精确控制,从而提高生产效率和产品质量。同时,由于可以随时修改 CNC 程序,所以也可以实现高度的定制化生产。CNC 在镶嵌方式上可以使用蜡件镶嵌(图 6-66),也可以直接在金属上镶嵌(图 6-67)。

图 6-66 CNC 蜡镶

图 6-67 CNC 镶石

这个过程通常包括以下几个步骤。

(1) 设计和编程：先使用数字化设计软件来设计珠宝的 3D 模型，并确定宝石的位置和大小。然后使用 CAM 软件来生成 CNC 程序。

(2) 预处理：根据数字模型和 CNC 程序，CNC 机床将在珠宝上预先加工出用于镶嵌宝石的孔或槽。这个过程需要非常精确的控制，以确保孔或槽的大小、形状和位置与宝石完全匹配。

(3) 镶嵌：将宝石放入预先加工好的孔或槽中，然后使用 CNC 机床的工具（如压力头）来固定宝石。这个过程也需要非常精确的控制，以防止对宝石或珠宝造成损坏。

(4) 后处理：镶嵌完成后，可能还需要进行后处理，如打磨、抛光等，以提高珠宝的外观质量。

## 第四节　数字化展示及体验技术

### 1. 全息投影

3D 全息投影技术是一种先进的影像技术，它通过使用光学原理，将三维立体图像以虚拟的方式呈现在空中或透明屏幕上，给人以立体和逼真的视觉体验（图 6-68）。这种技术投射的多个光束，以特殊的方式交会在特定点或平面上，从而产生了看起来像是悬浮在空中的三维图像。这些图像通常可以被 360°观看，因此观众可以从各个角度欣赏到立体图像的细节。

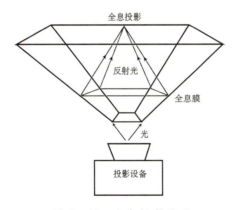

图 6-68　全息投影原理

在珠宝首饰、服装和产品展示领域，全息投影技术已经得到了广泛的应用。珠宝首饰制造商使用全息投影技术来展示他们的产品。通过全息投影，顾客可以在不触摸珠宝的情况下，欣赏到它们的逼真三维影像（图 6-69）。这种技术使得顾客能够更好地了解珠宝的细节和设计，提高购买决策的质量。服装零售商可以使用全息投影来展示他们的时装及配饰。这种技术可以将时装逼真地呈现给观众，而无须真实的模特。这样不仅可以节约成本，还可以创造出独特的、引人注目的展示效果，吸引顾客的注意力。

图6-69 全息投影翡翠手镯

如果想使用全息投影展示一件珠宝产品,我们需要完成以下工作。

(1)选择合适的全息投影设备:根据需求(例如展示场地的大小、预算等)选择合适的全息投影设备,包括全息投影屏、激光光源、摄像机等。

(2)创建珠宝的3D模型:如果已经有1个高质量的3D模型,那就可以直接使用;否则,需要使用3D扫描技术来获取珠宝的精确模型,或者请珠宝建模师制作1个模型。通常在数字化首饰加工流程下,珠宝模型都不难获得。

(3)全息影像录制:使用专业的摄像机和激光光源,按照全息摄影的原理记录珠宝的光波信息。在录制过程中,需要一个稳定的环境,以避免振动或其他因素影响录制效果。对于有数字模型的珠宝产品我们也可以用KeyShot这类的渲染软件生产全息视频。同时可能需要进行一些后期处理,如调整亮度、对比度等,以确保全息图像的质量。

2. 虚拟现实(VR)

VR创造了一种全新的、身临其境的环境可以实现立体的展示,用户通过戴上VR眼镜进入这个虚拟世界,体验立体效果(图6-70)。例如,服装零售商可以使用VR模拟一个真实的购物环境,让顾客能够在虚拟试衣间试穿虚拟的衣物。

虚拟现实和全息投影是两种完全不同的技术,它们的工作原理和实现方式有很大的区别。

虚拟现实是一种通过计算机生成的虚拟环境来模拟用户的感知和互动的技术。用户戴上虚拟现实设备后(图6-71),进入一个完全由计算机生成的虚拟世界,这个虚拟世界中有三维图像、声音、互动元素等。虚拟现实的关键是在虚拟世界中让用户感觉身临其境,即穿戴多维。

图 6-70 戴上 VR 眼镜感知立体物体

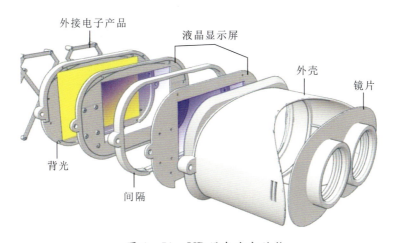

图 6-71 VR 设备内部结构

全息投影技术则是一种显示技术，它利用光的干涉和折射原理来创建逼真的三维图像，而不仅仅是平面的二维图像，这些图像看起来好像悬浮在空中，全息投影不需要佩戴任何特殊设备，观众可以直接在空中看到立体图像，即裸眼三维。

3. 增强现实（AR）

AR 技术可以将虚拟物体叠加到用户的实际环境中，通过智能手机、平板电脑或 AR 眼镜等设备，用户可以看到虚拟对象，并与之互动。例如，珠宝商可以创建一个应用程序，允许客户在自己的手上"试戴"虚拟的戒指或手镯（图 6-72）。

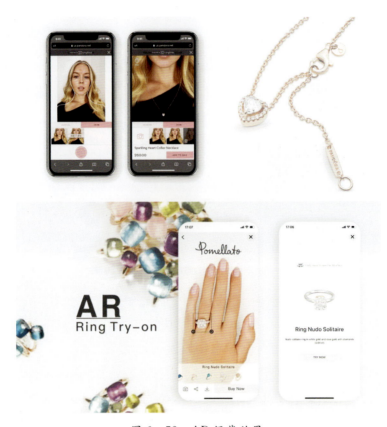

图 6-72　AR 佩戴效果

# 第七章 建模案例及实物照片展示

## 一、《温感珐琅荷》[①]

### 1. 设计灵感

这套胸针的灵感来源于荷叶,它采用了蓝色和紫色的马赛克,使得每一片叶子都呈现出独特的色彩渐变和光泽效果。每一片叶子的纹理都经过精心设计,细致的黑色线条勾勒出叶脉的形状,增添了层次感和立体感。

### 2. 设计细节

荷叶元素展现了一片略微弯曲的叶子,蓝绿色的主色调中带有一丝紫色的晕染,仿佛在阳光下泛着微光。叶子彼此交错,形成优雅的曲线,蓝紫色调交织在一起,营造出梦幻般的感觉。这套胸针不仅是饰品,更是艺术品,既可作为日常装扮的点缀,也可在正式场合中彰显佩戴者的独特品位。无论是搭配简单的服饰还是华丽的礼服,这套胸针都能为整体造型增添一抹光彩。

### 3. 设计理念

胸针将自然元素与现代设计完美结合,展现了设计师对细节的追求和对艺术的热爱。每一枚胸针都在诉说着自然的故事,佩戴它们的人仿佛也成为了这故事的一部分,散发出独特的魅力与气质。

### 4. 设计过程

在设计流程中,从草图到建模、实物阶段,依赖数字化工具,确保整个实践过程得到系统的监控,最终达到理想效果。在设计前的草图部分,借助了 Midjourney 的融图功能使用"/blend"命令将图 7-1、图 7-2 结合,得到了图 7-3 的预览效果。

从图 7-3 中,我们可以清楚地看到叶脉表达,以及荷叶向上舒展的姿势,但是显然它并不能作为我们现实生活中佩戴的首饰。

---

[①] 案例由周相成提供。

图7-1 融图素材1

图7-2 融图素材2

图7-3 融图效果

因此，我们继续调整，发送图7-4给Midjourney作为垫图，同时加入提示语：A set of stained glass leaf sculptures, each with multiple leaves in different shapes and sizes, all in shades of blue, green, and purple. They form the shape of an arch on a dark background. The lighting is from above（一组彩色玻璃叶子雕塑，每个雕塑都有多个不同形状和大小的叶子，颜色为蓝色、绿色和紫色。它们在深色背景上形成拱门形状。顶光照明）。经过进一步调整生成图7-5。

图7-4　垫图素材

图7-5　生成效果图

在图7-5中可以看到明显的叶片的纹路，叶片有着稍显扁平舒展的形态，但是对于我们追求的主题——荷叶表达得并不明显，所以继续调整提示语：A stained glass art piece depicting water lily leaves in hues of blue and green with an iridescent effect against a black background, rendered in a hyper realistic style（一幅彩色玻璃艺术作品，蓝色和绿色的睡莲叶子，在黑色背景下呈现晕彩效果。作品呈现超现实的风格）。最终得到设计效果图7-6。

从这些设计图中可以明显看出荷叶的起伏造型和脉络，形态清晰舒展，颜色变化的炫彩效果。整个设计做成胸针会很出彩。

接下来进入建模阶段，先要在Rhino中用构线的方式挤出实体，得到胸针的基本轮廓，并区分各个块面的层次（图7-7）。在Rhino中我们只能够得到比较平的效果，针对较为复杂的动态仿生结构需要结合ZBrush进行雕刻（图7-8）。

在制作阶段，考虑到实物表面的炫彩效果，选用FDM打印技术结合变色材料进行制作。我们先要将构建好的数字模型转换成STL格式的文件，并导入到打印机切片软件中作结构分析和支撑处理（图7-9）。再通过FDM打印机完成打印，并修理支撑结构（图7-10）。

图 7-6 最终设计效果图

由于 FDM 打印技术的特殊性,材料在拥有变色效果的同时,打印出的特殊纹路也为产品增加了一种数字感。

最终成品效果见图 7-11、图 7-12。

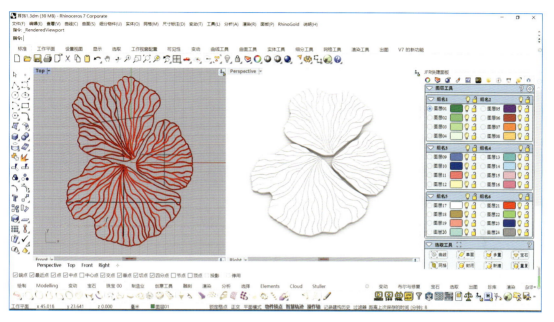

图 7-7 Rhino 建模效果

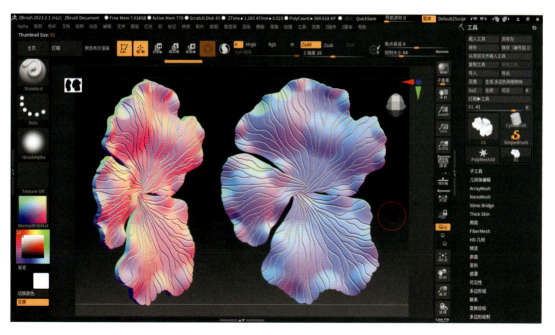

图 7-8 ZBrush 雕刻效果

133

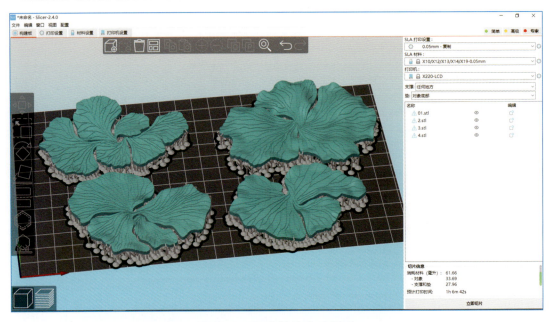

图7-9 切片软件中的模型

图7-10 打印的作品

建模案例及实物照片展示　**第七章**

图 7-11　成品图

135

图 7-12 佩戴图

## 二、《Dream Wear(梦衣)》[①]

### 1. 设计灵感

良好的睡眠对健康和幸福感至关重要。为了帮助人们进入深度睡眠状态并享受宁静的夜晚,我们设计了助眠 ASMR(自发性知觉经络反应)首饰系列。该系列灵感来自美梦和春天的惬意,旨在通过舒缓和放松的声音体验,让人们在春天般的温暖中进入甜美的梦乡。

### 2. 设计特点

柔和亚克力材质:助眠 ASMR 首饰系列采用柔和的亚克力材质,确保首饰轻盈、舒适。亚克力质感温和,佩戴上可以感受到舒适,能够安抚情绪,为睡眠提供温暖的陪伴。

---

① 案例由雷金嘉提供。

**舒缓的声音体验**：每件助眠 ASMR 首饰都内置精心挑选的 ASMR 声音装置，如轻柔的雨滴声、柔和的白噪声、悦耳的鸟鸣声等。这些声音能够营造宁静与平和的睡眠环境，帮助人们放松心灵，促进入眠。

**提高睡眠质量**：助眠 ASMR 首饰系列旨在提高睡眠质量，让人们享受更深入和宁静的睡眠。通过佩戴这些首饰，人们可以在入睡前或夜间使用 ASMR 声音来放松身心，减少睡眠障碍，从而提升睡眠品质，迎接充满精力与活力的一天。

**个性化和舒适的体验**：助眠 ASMR 首饰系列有多种款式和设计可供选择，以满足不同人群的个性化需求。

### 3. 设计过程

在设计过程中，通过使用 ChatGPT 生成用来描述的提示语，确定了艺术家风格"Wen-Maio Yeh"，并选定了"亚克力材质""声音首饰"这几个关键词来定义整个首饰的风格。其他关键词则随着主题的变化而调整。

在与 ChatGPT 的对话中，我们先要设置 ChatGPT 的工作角色——首饰设计师，并将一些基础的设计原理和关键词规则告知 ChatGPT，如具体的材质、工艺、造型、颜色等基本信息，再教导 ChatGPT 如何用文字描述一件珠宝首饰作品（图 7-13）。

**You**
你现在是一位首饰设计师，你将帮助我构建人工智能生成艺术系统的提示。我将向你解释一些需要遵守的规则：
1. 我将使用命令"/imagine"，后面跟着一个我想渲染的有关珠宝首饰设计的主题。
2. 你将以一种描述性的方式展开该主题，以帮助AI生成系统理解它必须绘制的内容

**ChatGPT**
好的，作为一位首饰设计师，我理解您的需求并将尽力提供帮助。以下是一些关于如何构建一个人工智能生成艺术系统的提示：

1. 对于主题的描述，需要尽可能地详细和具体，以便AI系统理解您的意图。例如，

 如果您的主题是"/imagine 一个星空主题的项链设计"，您可以描述项链上的每个元素，例如，项链的材质、形状、大小、颜色、珠宝石的种类和排列方式、夜空中星星和星座的数量和位置等等。

1. 在描述主题时，您可以参考一些实际存在的首饰设计，或者提供一些视觉上的参考，例如图片或画作。这可以帮助AI系统更好地理解您的意图，并在绘制时提供一些灵感和参考。

**You**
你将帮助我构建人工智能生成艺术系统的提示。我将向你解释一些需要遵守的规则：
1. 我将使用命令"/imagine"，后面跟着一个我想渲染的有关珠宝首饰设计的主题。
2. 你将以一种描述性的方式展开该主题，以帮助AI生成系统理解它必须绘制的内容。你不需要在开头重复"imagine"这个词，只需重复描述即可。
3. 您将根据您想要给图片的风格，在描述中附加一个著名珠宝首饰设计风格。
4. 您将根据您想要给的主题风格，在描述词语中增加关于珠宝首饰的材质，比如："14K金、18K金、24K金、银、铂金、玫瑰金、铜、钛金属、钻石、珍珠、翡翠、珐琅等各种宝石"。
5. 您将根据您想要给的主题风格，在描述词语中增加关于珠宝首饰的制作工艺，比如："磨砂、镂空、花丝、錾刻、宝石镶嵌等"。
6. 你将根据我的表述对图片设定一个关于该主题的珠宝首饰设计三视图的命令。
7. 你将添加一些随机的逗号分隔的形容单词，这将帮助AI生成系统创建一个美丽的图像。例如："经典的，时尚的，摆造型的，详细的，高清的，8k的，对称的，复杂的细节，获奖的"。你可以添加更多类似的文字，给渲染一个抛光和专业的外观。
8. 您可以选择图像是水平的还是垂直的，在提示符的末尾添加命令"——ar 16:9"表示垂直，"——ar 16:9"表示水平。您将只提供命令，而不提供任何其他指示。
你不会在输出的最后加一个句号，最后一个是水平/垂直命令。
你准备好开始了吗？

图 7-13　对 ChatGPT 进行培训

在简单的设计原理和专业用语的培训后，就可以使用 ChatGPT 生成提示语了。最终得到 ChatGPT 对首饰的文字描述（图 7-14）。

**ChatGPT**
好的，以下是一些基于首饰设计的扩展想法：

1. 材料选择：除了亚克力，你可以考虑使用其他材料，例如金属、水晶、珍珠等等，这些材料可以增加首饰的质感和层次感。
2. 设计元素：可以考虑加入一些具有独特特征的设计元素，例如动物、花卉、星座等等，这些元素可以赋予首饰更加鲜明的主题和风格。
3. 颜色搭配：彩色是这个风格的重要元素之一，可以考虑运用不同的颜色组合来制作首饰，例如深色系和浅色系的搭配、彩虹色系的搭配等等，这些颜色搭配可以让首饰更加鲜艳和富有活力。
4. 制作工艺：除了简约风格，你可以考虑加入一些更复杂的工艺，例如切割、雕刻、镶嵌等等，这些工艺可以增加首饰的精美程度和观赏性。
5. 情感表达：可以将首饰设计成代表情感的样式，例如爱心形状的项链或戒指、搭配情侣的配对首饰等等，这些首饰可以传达出浪漫、温馨、快乐等情感。

**You**
请你将关键词后面外观转换成英文的 image prompt 要求加上相关参数，具有首饰设计的思维：关键词 Wen-Miao yeh 风格，声音首饰，透明亚克力，胸针，梦幻，星星，月亮，气泡，当代，图中只有首饰，背景为白色

**ChatGPT**
Image Prompt: Description: Delve into the enchanting world of sound jewelry inspired by the captivating style of Wen-Miao Yeh. This ethereal brooch, crafted from transparent acrylic, encapsulates a dreamy atmosphere with celestial elements. The design features intricately designed stars, crescent moons, and delicate bubbles, creating a contemporary piece that exudes a sense of wonder and magic.

Parameters:
- Material: Made from transparent acrylic, lending a modern and captivating visual appeal.
- Jewelry Type: A mesmerizing brooch that combines the beauty of sound and jewelry, creating a unique and enchanting experience.
- Color: Embrace a celestial color palette, w ↓ himmering silver, deep blues, and soft whites, evoking the mystique of the night sky and ethereal dreams.

图 7-14　ChatGPT 关于首饰的描述

结合 ChatGPT 给出的文字，设计师梳理出一段用于后续设计阶段的提示语：Delve into the enchanting world of sound jewelry inspired by the captivating style of Wen—Miao Yeh. This ethereal brooch, crafted from transparent acrylic encapsulates a dreamy atmosphere with celestial elements. The design features intricately designed stars, crescent moons, and delicate bubbles, creating a contemporary piece that exudes a sense of wonder and magic（受叶文淼迷人风格的启发，我们深入探索声音珠宝的迷人世界。这款飘逸的胸针采用透明亚克力制成，将梦幻般的氛围与天体元素融为一体。该设计以错综复杂的星星、新月和精致的气泡为特色，最终创造出一件散发着奇迹和魔力的现代作品）。

先把提示语输入到 Midjourney 中，通过修改个别关键词，得到图 7-15 中的海量效果

图。因为Midjourney对很多名词的理解有偏差,在设计初期我们需要不停地替换一些词语的英文表达方式,直至获得贴合我们想法的设计图。

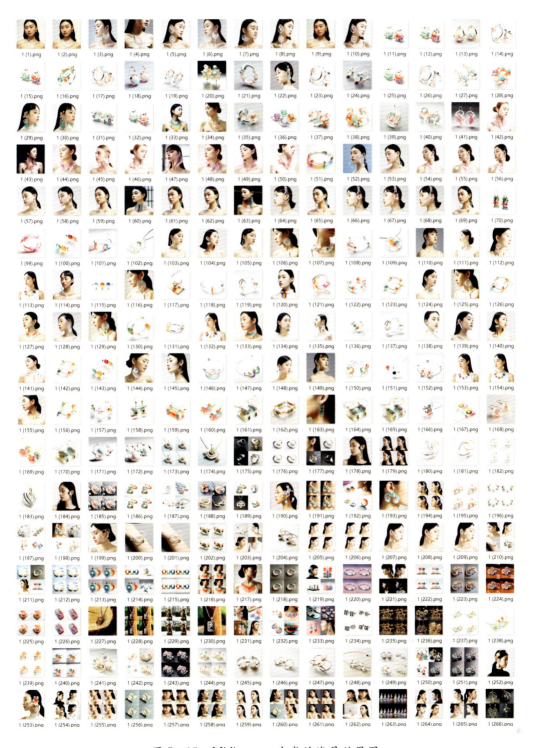

图7-15 Midjourney生成的海量效果图

在分析材料和工艺的可行性后,设计师最终选定图 7-16。Midjourney 生成的效果图基本表达了首饰的材质、尺寸、佩戴效果等基础信息,为后面产品的制作提供了有效的参考。

图 7-16 最终设计效果图

在建模阶段,Rhino 软件对于这种大尺寸的建模比较方便,可以在 Rhino 中一次性完成所有建模,还可以对结构进行细分(图 7-17)。再结合 RhinoGlod 的渲染插件,添加简单的材质后,即可预览结构的流畅程度,最终完成建模(图 7 - 18)。

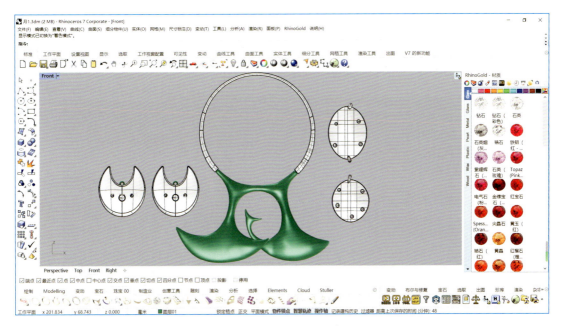

图 7 - 17　Rhino 中的建模

图 7 - 18　RhinoGold 中的简单渲染效果

在制作阶段,考虑到佩戴舒适性和首饰结构的特点,全套产品使用光固化3D打印技术结合透明ABS材料完成产品的制作。

在进入3D打印之前需要对模型进行分件,因为产品的光滑表面居多,所以在对模型添加支撑的时候需要把配件立起来摆放(图7-19),这样可以避免打印切片表面的层纹过多,使整个产品表面更加光滑。

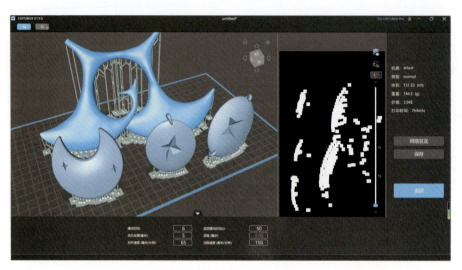

图7-19 切片立面摆放

完成打印之后,我们可以看到原始的打印件表面会附着支撑的残留痕迹或者有一些轻微的划痕(图7-20),这时需要对打印件的表面进行基础处理。由于ABS材料自身的硬度不是特别高,所以只需要使用砂纸进行打磨(图7-21)。然后手工添加一些链条和配件。

图7-20 未处理的打印件

图 7-21　砂纸打磨

最终效果展示见图 7-22。

图 7-22　成品图